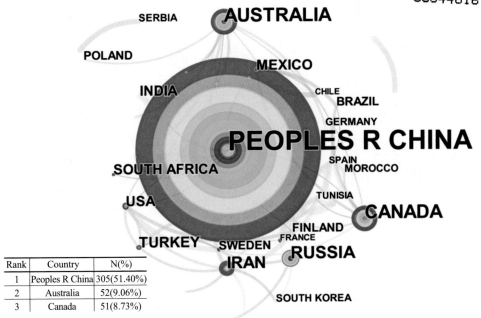

Rank	Country	N(%)
1	Peoples R China	305(51.40%)
2	Australia	52(9.06%)
3	Canada	51(8.73%)

图 1.3　各国论文数量与比重（译文见正文图）

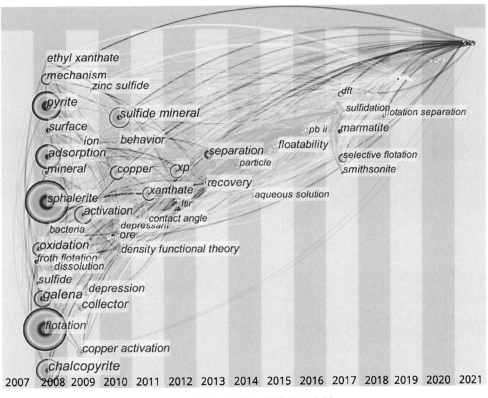

图 1.5　前沿时区图（译文见正文图）

  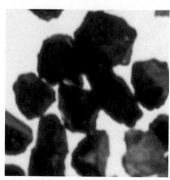

(a) 普通闪锌矿　　　　　　　　(b) 载锗闪锌矿　　　　　　　　(c) 载铟闪锌矿

图 2.1　载铟、载锗和普通闪锌矿的显微镜图片

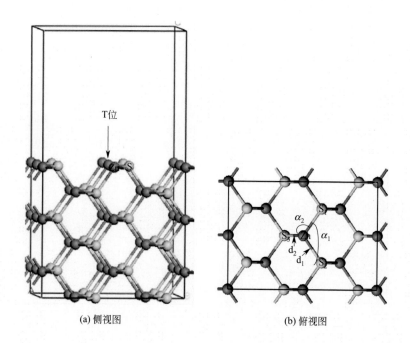

(a) 侧视图　　　　　　　　　(b) 俯视图

图 2.4　闪锌矿（110）面的模型示意图

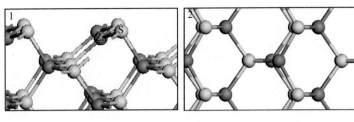

(a) 理想闪锌矿

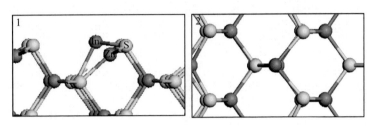

(b) In取代闪锌矿

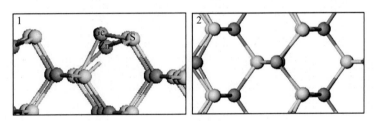

(c) Ge取代闪锌矿

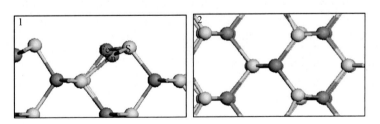

(d) Fe取代闪锌矿

图 2.5　闪锌矿（110）面弛豫后的表面

1—侧视图；2—俯视图

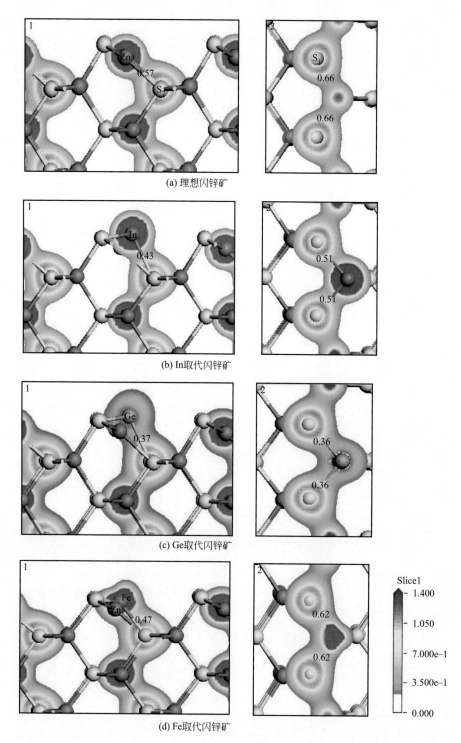

(a) 理想闪锌矿

(b) In取代闪锌矿

(c) Ge取代闪锌矿

(d) Fe取代闪锌矿

图 2.8　In、Ge、Fe 取代及理想闪锌矿表面的电荷密度

1—侧视图；2—俯视图

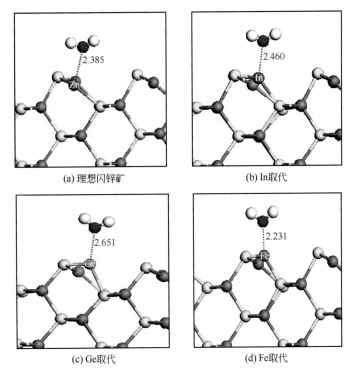

(a) 理想闪锌矿

(b) In取代

(c) Ge取代

(d) Fe取代

图 2.9　H_2O 分子在闪锌矿表面（110）面的平衡吸附构型

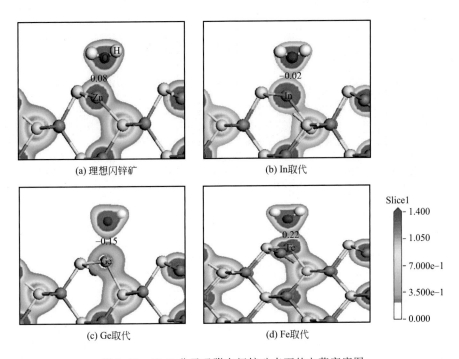

(a) 理想闪锌矿

(b) In取代

(c) Ge取代

(d) Fe取代

图 2.10　H_2O 分子吸附在闪锌矿表面的电荷密度图

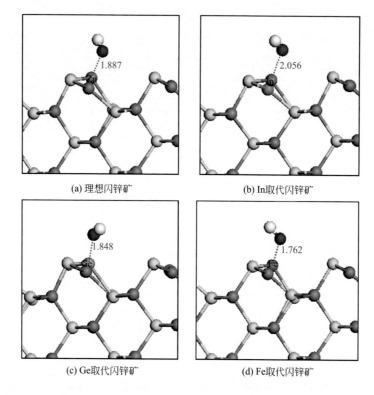

(a) 理想闪锌矿   (b) In取代闪锌矿

(c) Ge取代闪锌矿   (d) Fe取代闪锌矿

图 4.2 OH^- 在闪锌矿表面（110）面的平衡吸附构型

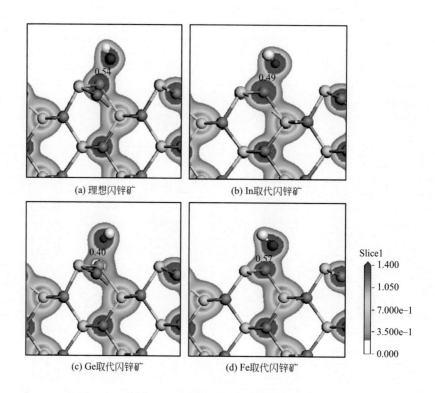

(a) 理想闪锌矿   (b) In取代闪锌矿

(c) Ge取代闪锌矿   (d) Fe取代闪锌矿

图 4.3 OH^- 吸附在闪锌矿表面的电荷密度图

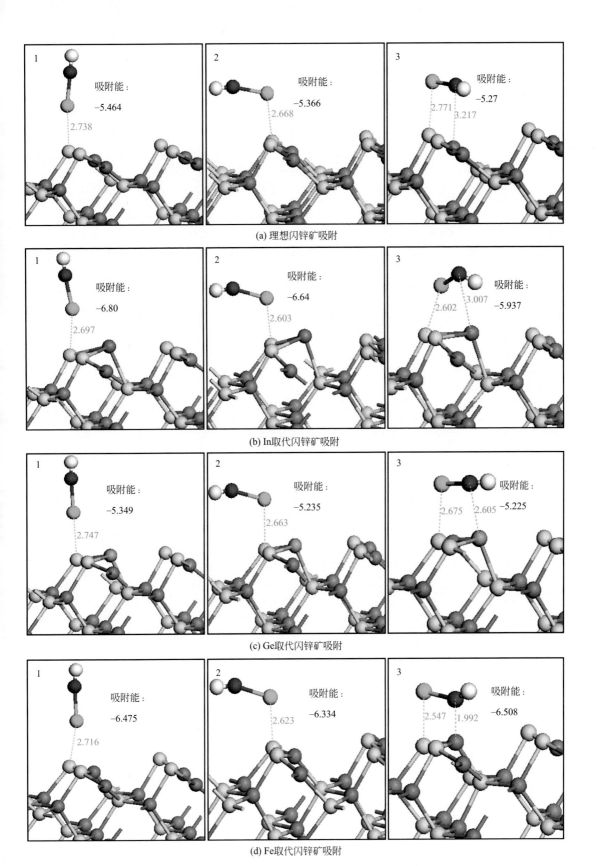

图 4.5　$CaOH^+$ 在闪锌矿表面（110）面的平衡吸附构型及吸附能

1—垂直吸附；2—水平吸附；3—双键吸附

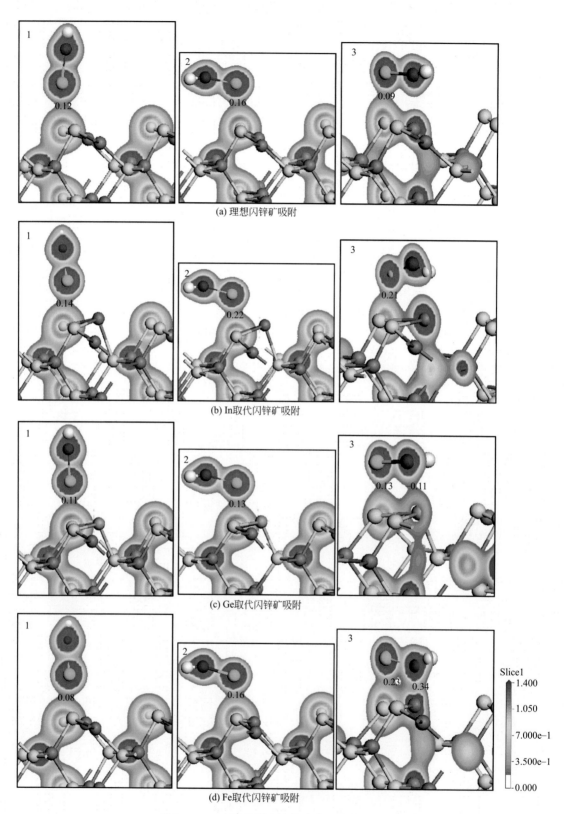

图 4.6 CaOH$^+$吸附在闪锌矿表面的电荷密度图

1—垂直吸附；2—水平吸附；3—双键吸附

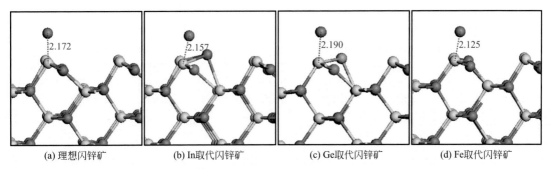

(a) 理想闪锌矿　　(b) In取代闪锌矿　　(c) Ge取代闪锌矿　　(d) Fe取代闪锌矿

图 5.3　Cu^{2+} 在闪锌矿表面（110）面的平衡吸附构型

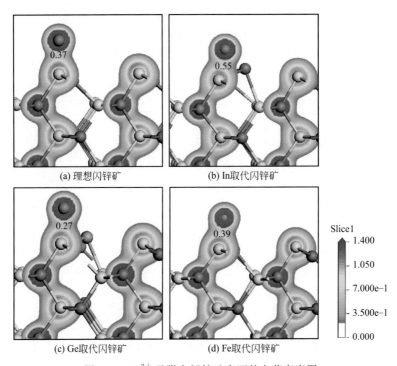

(a) 理想闪锌矿　　(b) In取代闪锌矿

(c) Ge取代闪锌矿　　(d) Fe取代闪锌矿

图 5.4　Cu^{2+} 吸附在闪锌矿表面的电荷密度图

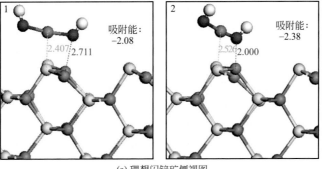

(a) 理想闪锌矿侧视图

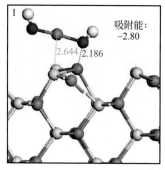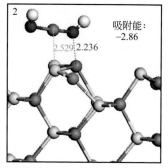

(b) In取代闪锌矿侧视图

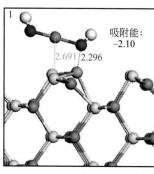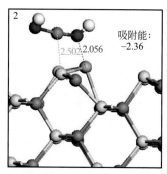

(c) Ge取代闪锌矿侧视图

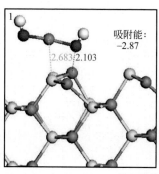

(d) Fe取代闪锌矿侧视图

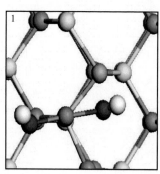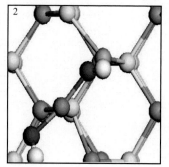

(e) Ge取代闪锌矿俯视图

图 5.6 $Cu(OH)_2$ 在闪锌矿表面（110）面的平衡吸附构型

1—单键吸附；2—双键吸附

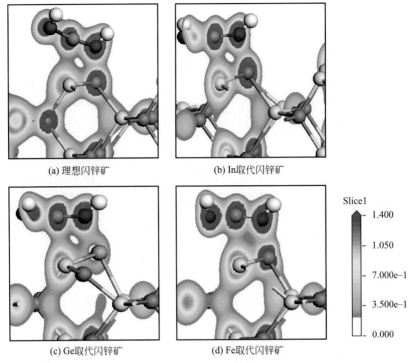

(a) 理想闪锌矿

(b) In取代闪锌矿

(c) Ge取代闪锌矿

(d) Fe取代闪锌矿

Slice1
1.400
1.050
7.000e-1
3.500e-1
0.000

图 5.7 Cu(OH)$_2$ 吸附在闪锌矿表面的电荷密度图

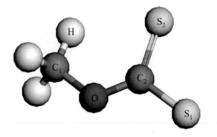

图 6.1 甲基黄药的结构

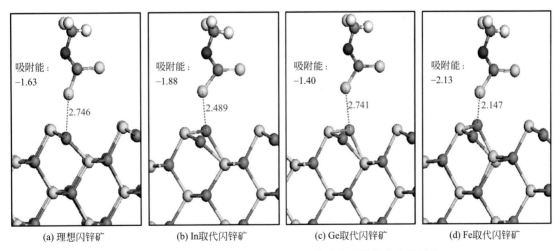

吸附能：
−1.63

2.746

吸附能：
−1.88

2.489

吸附能：
−1.40

2.741

吸附能：
−2.13

2.147

(a) 理想闪锌矿

(b) In取代闪锌矿

(c) Ge取代闪锌矿

(d) Fe取代闪锌矿

图 6.3 黄药在闪锌矿表面（110）面的平衡吸附构型及吸附能

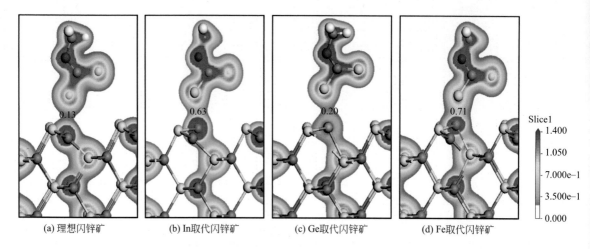

(a) 理想闪锌矿   (b) In取代闪锌矿   (c) Ge取代闪锌矿   (d) Fe取代闪锌矿

图 6.4 黄药吸附在闪锌矿表面的电荷密度图及键的 Mulliken 布居值

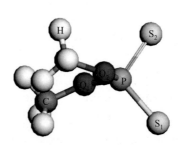

图 6.6 甲基黑药的分子结构

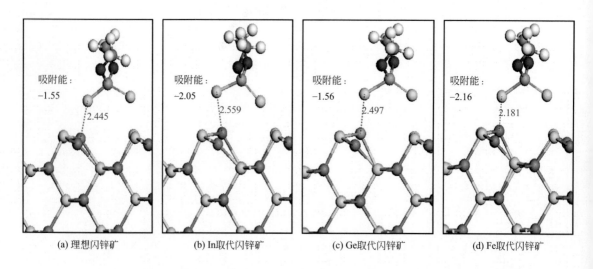

(a) 理想闪锌矿   (b) In取代闪锌矿   (c) Ge取代闪锌矿   (d) Fe取代闪锌矿

图 6.8 黑药在闪锌矿表面（110）面的平衡吸附构型及吸附能

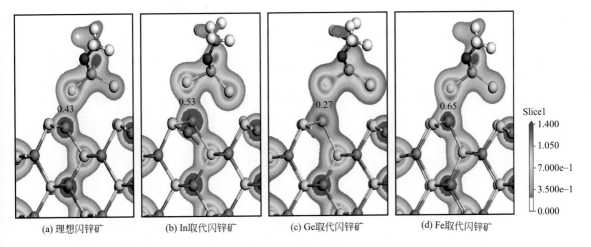

图 6.9　黑药吸附在闪锌矿表面的电荷密度图及键的 Mulliken 布居值

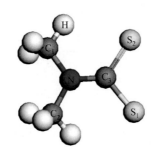

图 6.11　甲基硫氮的分子结构

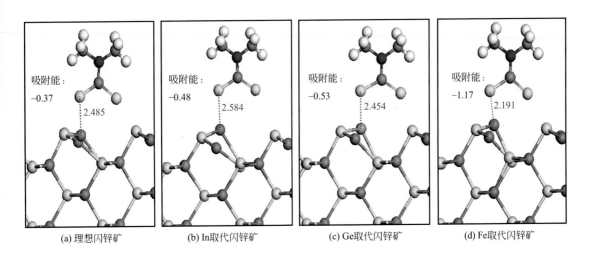

图 6.13　硫氮在闪锌矿表面（110）面的平衡吸附构型及吸附能

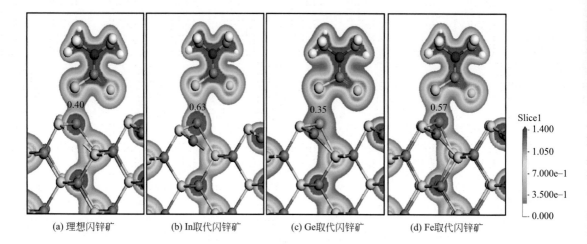

(a) 理想闪锌矿   (b) In取代闪锌矿   (c) Ge取代闪锌矿   (d) Fe取代闪锌矿

图 6.14　硫氮吸附在闪锌矿表面的电荷密度图及键的 Mulliken 布居值

图 6.16　黄药在 Cu 置换活化闪锌矿表面的
平衡吸附构型及吸附能

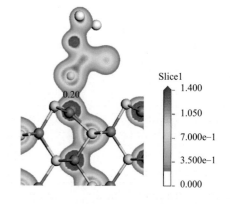

图 6.17　黄药吸附在置换活化闪锌矿表面的
电荷密度图及键的 Mulliken 布局值

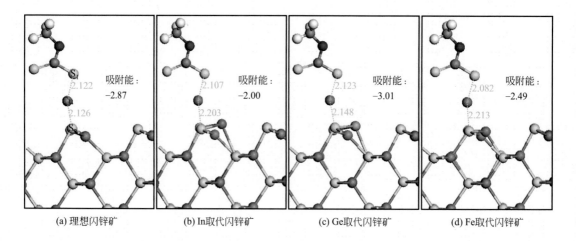

(a) 理想闪锌矿   (b) In取代闪锌矿   (c) Ge取代闪锌矿   (d) Fe取代闪锌矿

图 6.19　黄药与铜在闪锌矿表面（110）面的平衡吸附构型及吸附能

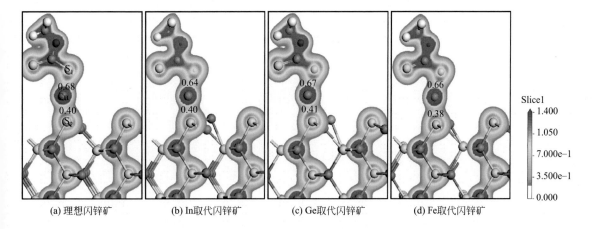

(a) 理想闪锌矿　　(b) In取代闪锌矿　　(c) Ge取代闪锌矿　　(d) Fe取代闪锌矿

图 6.20　黄药与铜吸附在闪锌矿表面的电荷密度图及键的 Mulliken 布居值

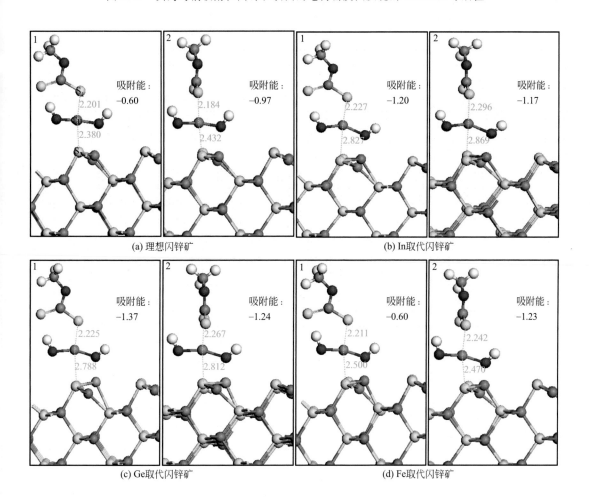

(a) 理想闪锌矿　　　　　　　　　　　　　　(b) In取代闪锌矿

(c) Ge取代闪锌矿　　　　　　　　　　　　　(d) Fe取代闪锌矿

图 6.21　黄药与 $Cu(OH)_2$ 在闪锌矿表面（110）面的平衡吸附构型及吸附能

1—平行吸附；2—交叉吸附

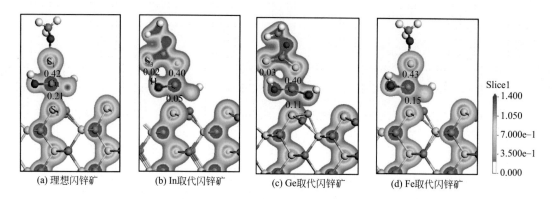

图 6.22 黄药与 Cu(OH)$_2$ 吸附在闪锌矿表面的电荷密度图及键的 Mulliken 布居值

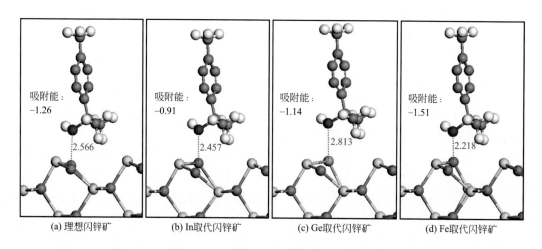

图 7.1 松醇油在闪锌矿表面 (110) 面的平衡吸附构型及吸附能

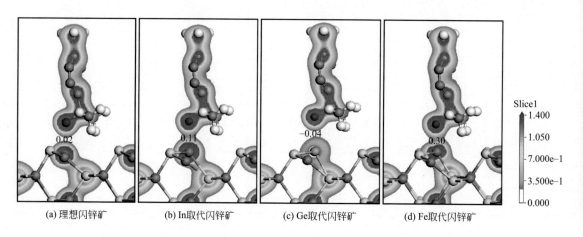

图 7.2 松醇油吸附在闪锌矿表面的电荷密度图及键的 Mulliken 布居值

QIANXINKUANGZHONG XISAN JINSHU
GAOXIAO HUISHOU YU
SHIJIAN

铅锌矿中稀散金属
高效回收与实践

邓政斌　童雄　著

化学工业出版社
·北京·

内容简介

稀散金属铟和锗矿产资源储量极其匮乏，是稀缺、有限、不可再生的战略资源。选矿过程中提前富集铟、锗对后续的冶炼回收、资源综合利用具有重要意义。《铅锌矿中稀散金属高效回收与实践》初步厘清了铅锌矿中稀散金属的资源分布情况，建立了载铟和载锗闪锌矿浮选理论体系，多角度揭示了稀散金属元素铟、锗晶格取代对主体矿物闪锌矿的物理化学性质、药剂作用机理及高效回收机制的影响规律，为进一步研发绿色、高效、新型的载铟和载锗闪锌矿浮选药剂及稀散金属的综合回收提供科学依据。

本书可供矿业工程、矿物加工工程、矿物资源工程、冶金及材料等专业的高校师生、科研院所研究人员及企业技术人员等阅读参考。

图书在版编目（CIP）数据

铅锌矿中稀散金属高效回收与实践/邓政斌，童雄
著.—北京：化学工业出版社，2022.9
ISBN 978-7-122-41633-9

Ⅰ.①铅…　Ⅱ.①邓…②童…　Ⅲ.①铅锌矿床-稀散金属-金属废料-废物回收　Ⅳ.①X753.05

中国版本图书馆 CIP 数据核字（2022）第 100389 号

责任编辑：袁海燕　　　　　　　　　　文字编辑：赵　越
责任校对：王　静　　　　　　　　　　装帧设计：王晓宇

出版发行：化学工业出版社（北京市东城区青年湖南街 13 号　邮政编码 100011）
印　　装：北京七彩京通数码快印有限公司
787mm×1092mm　1/16　印张 9½　彩插 8　字数 219 千字　2022 年 9 月北京第 1 版第 1 次印刷

购书咨询：010-64518888　　　　　　售后服务：010-64518899
网　　址：http://www.cip.com.cn
凡购买本书，如有缺损质量问题，本社销售中心负责调换。

定　　价：98.00 元　　　　　　　　　　　　　　　　版权所有　违者必究

前 言

稀散金属铟和锗等在地壳中的含量甚微，资源储量极其匮乏，是稀缺、有限、不可再生的重要战略资源，广泛应用于电子、半导体等高科技领域，因此也称为"高科技"元素。

闪锌矿是复杂多金属硫化矿中铟和锗的主要载体矿物，分别称为"载铟闪锌矿和载锗闪锌矿"。然而，在选矿过程中，人们通常考虑主金属矿物例如有色金属矿物的回收，磨矿细度、矿浆 pH 值、充气量、搅拌强度、浮选药剂用量和浮选时间等参数也是根据主金属矿物的回收情况而制订；对于纯矿物的研究，绝大多数研究者仍把载铟和载锗闪锌矿当成普通闪锌矿或铁闪锌矿来研究，忽视了晶格中的铟和锗对矿物的表面构型、电子结构及可浮性等因素的影响，缺乏对共伴生稀散金属的载体矿物（载铟和载锗闪锌矿）浮选理论的充分认识，导致复杂、难选、含稀散金属的多金属矿在分选过程中，浮选参数的制订缺乏充分的理论依据，致使主金属与共伴生的稀散金属回收率低、资源损失严重，选矿指标存在较大的提升空间。

因此，深入研究铟和锗载体闪锌矿与普通闪锌矿的差异，对稀散金属铟和锗的高效回收具有重要意义。基于此，本书初步建立了载铟和载锗闪锌矿浮选理论体系；弄清了载铟、载锗闪锌矿与普通闪锌矿的元素分布、矿物形貌、疏水性和电子结构等物理化学性质差异、浮选规律及各种浮选药剂在 3 种闪锌矿表面作用机理的异同；从原子、分子角度深入分析了闪锌矿晶格中的 In、Ge、Fe 等元素取代对各种药剂作用的影响，并构建其相互作用模型；在以上理论研究的基础上，研发了低碱条件下闪锌矿的高效新型活化剂 X-43，并成功进行了工业化应用，不仅降低了石灰用量，同时还提高了闪锌矿及稀散金属的品位和回收率。

由于著者水平有限，书中难免出现不严谨之处，敬请读者批评指正。

著者
2022 年 3 月

目录

第1章
绪　论

1.1　铅锌矿的分布及特点

铅锌在自然界原生矿床中共生极为密切。目前，在地壳上已发现的铅锌矿物约有250多种，大约1/3是硫化物和硫酸盐类。铅锌用途广泛，常用于电气、机械、军事、冶金、化学、轻工业和医药业等领域。此外，铅金属在核工业、石油工业等部门也有较多的用途，方铅矿、闪锌矿等是冶炼铅锌的主要工业矿物原料[1-3]。

根据美国地质调查局矿产品概述2020统计数据，世界铅资源总储量9000万吨，主要分布在澳大利亚、中国、俄罗斯、秘鲁、美国等国，其中澳大利亚和中国铅资源储量分别为3600万吨和1800万吨，占世界铅资源总储量的40%和20%，位居世界第一位和第二位。世界锌资源总储量2.5亿吨，主要分布在澳大利亚、中国、秘鲁、俄罗斯、墨西哥、美国、哈萨克斯坦等国，其中澳大利亚和中国锌资源储量分别为6800万吨和4400万吨，占世界锌资源总储量的27.2%和17.6%，位居世界第一位和第二位，见表1.1[4]。

表1.1　世界铅锌储量分布

国家	铅储量/万吨	铅占世界储量/%	锌储量/万吨	锌占世界储量/%
澳大利亚	3600	40.0	6800	27.2
中国	1800	20.0	4400	17.6
美国	500	5.6	1100	4.4
秘鲁	630	7.0	1900	7.6
哈萨克斯坦	200	2.2	1200	4.8
俄罗斯	640	7.1	2200	8.8

国家	铅储量/万吨	铅占世界储量/%	锌储量/万吨	锌占世界储量/%
墨西哥	560	6.2	2200	8.8
其他国家	1070	11.9	5200	20.8
总计	9000	100	25000	100

数据表明，我国是铅锌资源大国，铅锌矿资源储量巨大。我国铅锌矿产资源分布广泛，大矿床主要分布在滇西兰坪地区、滇川地区、南岭地区、秦岭-祁连山地区以及内蒙古狼山等五大成矿带，储量极其丰富。虽然我国铅锌资源总储量居世界前列，但人均占有率较低，仅为世界平均水平的54.5%和60.6%[5]。

从矿床类型来看，我国铅锌矿石主要有六种工业类型：

① 与花岗岩类有关的铅锌矿床：我国主要的矿床类型之一，矿石品位高，矿石物质成分复杂，除铅锌外，还共伴生钨、锡、钼、铋、铜等元素，包括矽卡岩型矿床（如湖南水口山）、斑岩型矿床（如云南姚安）、花岗岩型矿床（如广东连平）。

② 海相火山岩型铅锌矿床：成矿物质来源与海底火山岩系有关。国外称这类矿床为块状硫化物铅锌矿床或黄铁矿型铅锌矿床。矿床物质成分复杂，常与铜矿共生或伴生大量的金、银和稀散元素，如甘肃的白银厂铜铅锌矿，青海锡铁山铅锌矿等。

③ 陆相火山岩型铅锌矿床：矿体呈脉状或透镜状，多产于蚀变凝灰岩中，伴生的金、银等含量也高，有的矿床上部以铅锌为主，下部以铜、金、银为主，如江西银山的铅锌矿。

④ 碳酸盐岩层热液交代铅锌矿床：探明的储量占全国铅锌总储量的50%以上，矿石组成以方铅矿、闪锌矿为主，并有石英、方解石、萤石和重晶石等伴生矿物，如广东的凡口铅锌矿。

⑤ 泥岩-细碎屑岩型铅锌矿床：矿体多呈层状、似层状整合产出。矿石组成除铅锌外还有较多黄铁矿，组成块状硫化物，有的含银较高，是我国重要铅锌矿床类型之一，如甘肃的西成铅锌矿。

⑥ 砂砾岩型铅锌矿床：矿石组成简单，铅锌品位较高，围岩蚀变微弱，成矿温度低。这类矿床在我国分布不广，但出现的大都是大型、超大型矿床，经济价值巨大，如云南兰坪金顶铅锌矿。

我国铅锌矿资源与世界相比，既有共同点又有自己的特点[6-9]。

（1）铅锌矿分布广，但储量又相对集中

我国铅锌矿分布广泛，遍及全国29个省、自治区、直辖市，以西南、中南和西北地区最为丰富。在西南地区，铅锌资源主要集中在云南和四川两省；中南地区以广东、湖南和广西三省（区）的铅锌资源最多；西北地区的铅锌储量主要集中在甘肃、陕西和青海三省。但从富集程度和现保有储量来看，我国铅锌资源主要集中于云南、内蒙古、甘肃、广东、湖南、广西等6个省（区），其中云南2262.9万吨、内蒙古1609.9万吨、甘肃1122.5万吨、广东107.3万吨、湖南888.6万吨、广西878.8万吨，6省（区）铅锌资源总量占全国的80%以上。

（2）特大型矿少，大中型矿多

目前我国铅锌储量主要集中在大中型矿床中，在全国700多处矿产地中，大中型矿床的铅、锌储量分别占 81.1% 和 88.4%。据统计，现有大型铅矿 99 处，探明资源总量 2342 万吨，储量 556 万吨，其中大型铅矿区 14 处，探明资源总量 1087 万吨，储量 328 万吨，分别占全国的 31.9% 和 50.2%；大中型锌矿 187 处，探明资源总量 7961 万吨，储量 1950 万吨，其中大型锌矿区 44 处，探明资源总量 5352 万吨，储量 1553 万吨，分别占全国的 58.1% 和 76.6%。

（3）矿石性质复杂，难选矿多，共生伴生元素多，综合利用价值高

目前我国可开采的铅锌矿石类型主要有硫化铅锌矿、氧化铅锌矿、混合铅锌矿、硫化铅矿、硫化锌矿、氧化铅矿、氧化锌矿等。以锌为主的铅锌矿床和铜锌矿床较多，以铅为主的铅锌矿床不多，单铅矿床更少。目前开采的矿床大多为多金属复杂难选矿，铅加锌平均品位 3.74%，铅锌比为 1：2.5，国外多为 1：1.2。矿石组分复杂，有用矿物多，共生伴生有用元素或矿物高达 50 多种，其中主要有 Au、Ag、Cu、Sn、Ge、In、Ga、Se、S、Fe 等元素以及天青石、磷块岩、石膏等非金属矿。矿石性质复杂，不少矿石致密共生，相互浸染，嵌布粒度细微，结构复杂，多属难选矿石类型，给选矿带来了困难。

1.2　铅锌矿的浮选研究现状

以 Web of Science 核心合集为数据库、以主题词"Sphalerite"、"Zinc sulfide"和"Marmatite"为检索项，"Flotation"为二次检索项。以精确匹配的方式对主题进行检索，时间范围为 2001～2021 年，检索日期为 2021 年 10 月 27 日。共检索获得文献 618 篇，人工剔除与主题不相关的期刊 11 篇，最终剩余 607 篇文献作为本书研究的基础数据。以 VOSviewer 和 CiteSpace 可视化软件为研究工具，同时结合文献计量法，对 2001～2021 年全球闪锌矿浮选方面的文献进行统计与可视化分析。

通过 Web of Science 检索出的基础数据，将其导出为 RIS 格式，导入到 VOSviewer 软件，并对数据进行清选、关键词合并等操作后对其识别并分析处理。并对发表年份、期刊类型、作者、关键词、主题词等进行共现分析，同时用不同颜色的节点区分不同的聚类，主题词之间的密切程度和相似程度通过节点间的距离来体现，节点大小代表出现的频次，密度越高代表其联系越紧密，相关性越强。设定关键词共现频率大于 3 次为高频词，即显示为研究热点。通过 Web of Science 的数据导入到 CiteSpace 进行识别和分析，使用主题词剔除和合并，并结合人工筛选将意思接近的主题词进行合并处理，同时剔除对聚类分析起干扰作用的检索词。结合文献计量法对文献数据进行挖掘和分析，借助文献管理软件 Endnote X7、统计软件 Excel 及绘图软件 Origin 2019 对文献的类型、数量、合作发文情况、突发热点词、高频关键词等进行分析与表达。图 1.1 是闪锌矿浮选的文献选择和分析流程。

按照文献类型划分如图 1.2 所示，文献分为 10 种类型，包括期刊论文、会议论文、综述论文、在线论文、修订、社论材料、再版等。值得注意的是 607 篇文献中，期刊论文数量最多，有 478 篇，占全部文献的 78.75%，其次是会议论文，共有 84 篇，占 13.84%，而综述论文有 10 篇，占 1.65%，总共来自 47 个国家。从各国论文数量与比重（图 1.3）来看，中国、澳大利亚、加拿大和俄罗斯在闪锌矿浮选领域的研究中发挥了重要作用。中国发表论文的数量最多，有 305 篇，占比 51.40%；澳大利亚数量为 52 篇，占比 9.06%；来自加拿

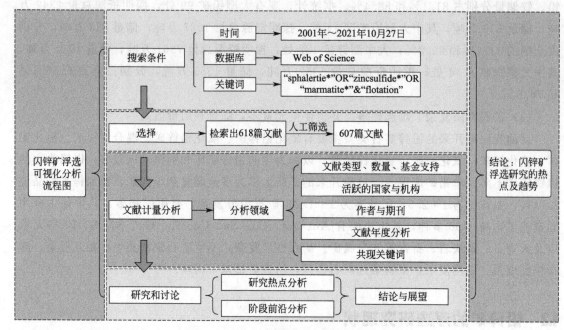

图 1.1　闪锌矿浮选的文献选择和分析流程

大的期刊数量为 51 篇，占比 8.73%；来自俄罗斯的期刊数量为 40 篇，占比 6.59%；与发达国家的研究趋势相比，发展中国家的研究是相对滞后的，除中国外，发达国家发表文献数量多。此外，从国家合作程度来看，尽管中国发文量为第一，但是其与国家之间的合作紧密程度相比发达国家还是比较弱，仅与澳大利亚、加拿大、俄罗斯、南非、墨西哥、美国有较少的合作。从图中线条的粗细程度来看，加拿大、澳大利亚等与其他国家的合作非常密切。因此，发展中国家应加强闪锌矿浮选领域的研究，并与发达国家的研究人员合作，以提高各自的国家科研能力。

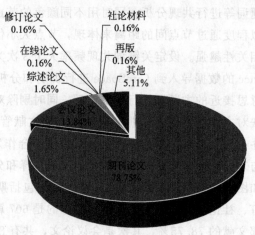

图 1.2　文献类型

近 20 年来，关于闪锌矿浮选的研究越来越受到关注，各国研究人员在该领域上的工作和科研不断加深，使得文献数量逐年增加。从世界和中国对比来看（图 1.4），来自中国的

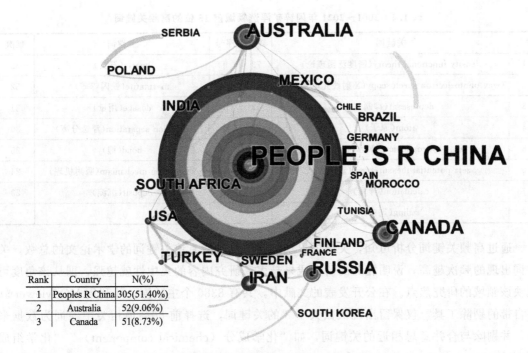

图 1.3　各国论文数量与比重

Rank	Country	N(%)
1	Peoples R China	305(51.40%)
2	Australia	52(9.06%)
3	Canada	51(8.73%)

(People's R China 中国；Australia 澳大利亚；Canada 加拿大；Russia 俄罗斯；Iran 伊朗；USA 美国；South Africa 南非；Turkey 土耳其；Mexico 墨西哥；Serbia 塞尔维亚；Poland 波兰；India 印度；Chile 智利；Brazil 巴西；Germany 德国；Spain 西班牙；Morocco 摩洛哥；Tunisia 突尼斯；Sweden 瑞典；Finland 芬兰；France 法国；South korea 韩国）

论文发表数量走势图与世界发表论文数量走势非常相似，只有在小部分年代增减不同，这是因为中国在 2002 年后发表闪锌矿浮选的相关论文较多，使得可以直接影响世界的走势图。由此可见，中国对闪锌矿的研究举足轻重，具有重要的代表性意义。

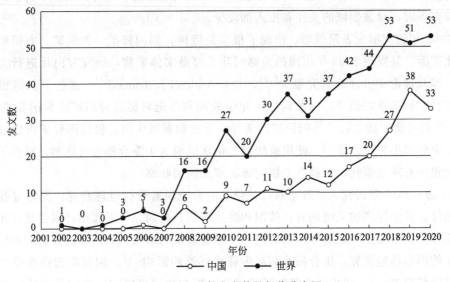

图 1.4　研究文献发布数量年代分布图

表 1.2　2001～2021 年闪锌矿浮选领域前 15 位的高频关键词

序号	关键词	频次	序号	关键词	频次
1	density functional theory(密度泛函理论)	73	9	quartz(石英)	32
2	X ray photoelectron spectoscopy(X 射线光电子能谱)	65	10	marmatite(铁闪锌矿)	32
3	depressant(抑制剂)	42	11	dosage(用量)	31
4	atom(原子)	40	12	flotation separation(浮选分离)	30
5	hydrophobicty(疏水性)	39	13	bond(键)	25
6	zeta potential measurement(动电位)	38	14	adsorption mechanism(吸附机理)	24
7	calculation(计算)	35	15	deposit(沉淀)	23
8	tailing(尾矿)	34			

　　通过高频关键词分析可知，关键词出现的频次等于附有该关键词的学术论文的总数，关键词出现的频次越高，说明相关的研究成果越多，研究内容的集中性就越强，即从该角度可反映该领域的研究热点。在公开发表的文献中，共有 8380 个主题词，并利用 VOSviewer 软件自带的剔除工具，仅保留出现次数大于 3 的关键词，选择前 60% 最相关主题词为数据来源，并剔除与合并意思相近的关键词，如"化学成分（chemical component）""化学组成（chemical constitution）""组成（contribution）"等以及"密度泛函理论（density functional theory）"、"dft"和"dft study"，以及人工再次剔除相关性较小的关键词，如"metal"、"china"和"first time"等之后，发现"density functional theory"是最热的关键词，频次高达 73（表 1.2），排第二的是"X ray photoelectron spectoscopy"，说明闪锌矿浮选的研究高速发展与研究方法和手段有重要的关联。

　　结合前沿时区图（图 1.5）和突现关键词（图 1.6）可以看出：

　　① 2001～2007 年几乎没有强度高的突现关键词，这也对应了在 2008 年前关于闪锌矿浮选的文献量很少，说明该阶段为闪锌矿浮选研究的发展起步期，研究人员和学者们对闪锌矿浮选的研究不够，对该领域的关注和投入都较少。

　　② 2008 年的文献发表量暴增，出现了很多关键词，如闪锌矿、黄铜矿、方铅矿、黄铁矿、硫化矿等。且发现 2008 年出现的关键词几乎都是实体矿物，研究方向是进行实际矿物的浮选，涉及理论和机理的研究很少[10]。如：Andrzej Jarosinski[11] 进行了从锌铅矿选矿厂提取锌精矿和除镁的研究，以及确定了化学处理和浮选对提高锌精矿质量的影响。Patra Partha[12] 通过研究微生物诱导闪锌矿的选择性浮选和絮凝作用，使得闪锌矿可以选择性地从黄铁矿中分离出来。童雄[13] 使用硫酸铜与化学试剂 X-1 混合作为活化剂，减少了铁闪锌矿浮选过程中石灰的消耗，并提高了铁闪锌矿浮选的回收率。

　　③ 2009～2010 年研究人员开始对锌矿浮选的影响因素进行机理研究，同时寻找更合适的浮选条件，其中浮现的关键词有：抑制和促进作用、药剂、吸附作用、铜活化作用、密度泛函理论等。该阶段主要是研究药剂对闪锌矿浮选效果的影响，如：有机抑制剂对闪锌矿和铁闪锌矿的抑制性能研究，组合捕收剂对闪锌矿浮选的影响[14]，闪锌矿选择性浮选的铜活化机制基础研究等[15]。初步引入密度泛函理论的第一性原理研究闪锌矿晶格缺陷和晶格取代（如 Fe、Mn、Cu 和 Cd）对浮选的影响[16]。

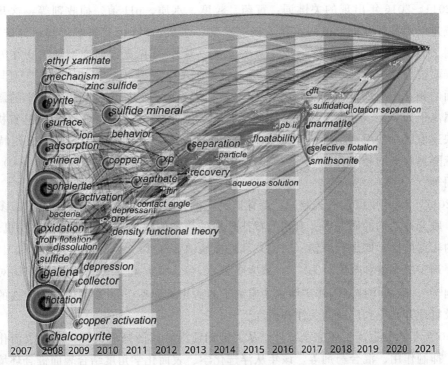

图 1.5 前沿时区图

(ethyl xanthate，乙基黄药；mechanism，机理；zinc sulfide，硫化锌；pyrite，黄铁矿；surface，表面；ion，离子；behavior，行为；adsorption，吸附；mineral，矿物；copper，铜；sphalerite，闪锌矿；activation，活化；xanthate，黄药；recovery，回收；separation，分离；flotability，可浮性；sulfidation，硫化；flotation separation，浮选分离；marmatite，铁闪锌矿；selective flotation，选择性浮选；particle，粒度；aqueous solution，水溶液；contact angle，接触角；bacteria，细菌；depressant，抑制剂；ore，矿石；smithsonite，菱锌矿；density functional theory，密度泛函理论；oxidation，氧化；froth flotation，泡沫浮选；dissolution，溶解；sulfide，硫化物；galena，方铅矿；depression，抑制；collector，捕收剂；flotation，浮选；copper activation，铜活化；chalcopyrite，黄铜矿)

关键词	年份	强度	起始年	截止年	2001~2021年
froth flotation	2001	8.16	2008	2010	
acidithiobacillus ferrooxidan	2001	3.74	2008	2014	
sulphide ore	2001	4.92	2009	2010	
sulfide ore	2001	5.1	2010	2012	
energy	2001	4.96	2010	2011	
quartz	2001	3.09	2013	2015	
kinetics	2001	3.39	2015	2017	
selective flotation	2001	4.33	2017	2021	
flotation separation	2001	4.25	2018	2021	
dft	2001	3.61	2018	2021	
marmatite	2001	3.81	2019	2021	
separation	2001	3.8	2019	2021	
smithsonite	2001	3.26	2019	2021	

图 1.6 2001~2021 年突现关键词

(froth flotation，泡沫浮选；acidithiobacillus ferrooxidan，氧化亚铁硫杆菌；sulphide ore，硫化矿；sulfide ore，硫化矿；energy，能量；quartz，石英；kinetics，动力学；selective flotation，选择性浮选；flotation separation，浮选分离；dft，密度泛函理论；marmatite，铁闪锌矿；separation，分离；smithsonite，菱锌矿)

④ 2011～2016 年出现的关键词：黄药、粒度、水质、pH 值、捕收剂等。这几年间典型的特点是采用各种分析方法同步深入研究药剂、水质、pH 值等影响闪锌矿浮选的原理。如：使用 Zeta 电位分布测量[17]、原子吸收光谱、紫外-可见光谱研究铜和黄药在闪锌矿的反应性表面位点竞争吸附[18]；使用原子力显微镜（AFM）气泡探头技术探测气泡与闪锌矿矿物表面的相互作用[19]；溶液学对硫化锌矿浮选过程中泡沫稳定性和表面化学的影响；溶解的金属离子如 Cu^{2+} 和 Pb^{2+} 对闪锌矿的浮选速率和回收率的影响等；同时，计算机模拟技术得到快速发展，如用密度泛函理论（DFT）研究了水分子在闪锌矿表面的吸附特性及对表面上硫醇捕收剂的相互作用[20]；模拟闪锌矿（110）表面、铜和乙基黄药（EX）之间的相互作用等[21]。

⑤ 2017～2020 年出现的关键词：菱锌矿、铁闪锌矿、吸附、无捕收剂浮选、多药剂交互作用、联合抑制剂的研究等。典型的特征是多种药剂的混合使用及其交互作用机理研究，找最佳的药剂配比。如焦磷酸钠（SPH）和柠檬酸钠（SCT）复合抑制剂在闪锌矿、方铅矿选择性浮选中的水解和吸附行为[22]，聚天冬氨酸（PASP）和 $ZnSO_4$ 的混合作用对铁闪锌矿的抑制[23]，硫酸锌抑制闪锌矿浮选中铅离子的活化机理等[24]，表明闪锌矿浮选的多元药剂体系及机理开始受到广泛的关注和研究。

⑥ 2021 年的数据尚不能完全统计，从关键词前沿时区图来看关键词有：表面化学、分子模拟、抑制作用、混合药剂等。该年从浮选化学、表面化学角度结合表面键合环境和电子特性、分子模拟等更深入地研究混合药剂对闪锌矿表面性质、离子交换、接触催化等的影响及选择分离机制[25,26]。如：二硫代氨基甲酸壳聚糖（DTC-CTS）在闪锌矿表面及 Cu 活化表面的吸附[27]，聚天冬氨酸选择性抑制铜活化闪锌矿[28]，复合磷酸盐捕收剂对铁闪锌矿浮选的影响及吸附机理探讨[29]，高碱度环境下钙对高铁闪锌矿浮选抑制机理的研究[30] 等。

综上可以看出在过去 20 年的闪锌矿浮选研究中，研究者更多关注不含稀散金属的纯矿物，如闪锌矿、铁闪锌矿、黄铜矿、方铅矿、黄铁矿等选择性浮选分离、药剂的交互作用、混合使用及粒度、溶液、pH 值、浮选药剂用量、浮选时间等参数对浮选分离的影响及机理。而我国的铟、锗等稀散金属资源十分丰富，它们常常共伴生在铜、铅、锌有色金属资源丰富的闪锌矿、铁闪锌矿、黄铜矿、方铅矿等载体矿物之中。对共伴生稀散金属的载体矿物（含锗闪锌矿、含铟闪锌矿和铁闪锌矿等）的表面性质、浮选行为等理论的认识不够，导致在复杂、难选、含稀散金属的多金属矿的实际分选过程中，矿浆 pH 值、充气量、搅拌强度、浮选药剂制度等参数的制订缺乏充分的理论依据，致使选矿回收率低、主金属与伴生的稀散金属资源浪费较大、损失严重，选矿指标存在较大的提升空间。此外，常规的闪锌矿活化剂（例如硫酸铜等）存在很多缺陷，活化的效率和选择性不高，既能活化较难浮的铁闪锌矿或被氧化的闪锌矿，也能活化难浮的磁黄铁矿，使其易进入锌精矿，影响其质量；并且硫酸铜活化通常需在较高 pH 值（范围为 11～13.5）条件下，会导致浮选过程需要添加大量的石灰，严重地影响了浮选的选择性，且管道和摇床易结垢，对后续的选硫、锡不利。

因此，如果采用常规的药剂制度和工艺流程，不研究稀散金属铟和锗载体矿物的浮选特性，解决不好载体矿物的高效回收，就根本解决不了主金属及其共伴生的、以"g/t"计算、原矿品位很低的铟和锗的回收和综合利用。所以，载体矿物的高效选矿回收至关重要、意义重大、刻不容缓，值得选矿工作者进一步深入研究。

1.3　铅锌矿中稀散金属的分布及特点

1.3.1　铟资源的分布及特点

铟，化学符号是 In，原子序数是 49，是一种银灰色略带淡蓝色光泽的柔软金属，具有熔点低（156.61℃）、沸点高（2080℃）、传导性好、延展性好、可塑性强等特点。^{113}In 和 ^{115}In 是最常见的 2 种铟同位素，其中 ^{115}In 带有微弱的放射性[31]。

铟主要伴生于铅锌矿中，在铅锌冶炼的过程中得到回收，是不可再生的稀有战略资源。现已探明的铟储量只能供给全球 40 年的持续开发，是不可多得的宝贵资源[32]。目前世界上的原生铟主要产自欧盟、中国、日本、北美和独联体国家，主要的生产企业有比利时的五矿公司、加拿大的科明科公司、日本的同和矿业和日矿金属、哈萨克斯坦的乌斯季卡缅诺戈尔斯克联合企业、乌克兰的康斯坦丁诺夫卡厂、乌兹别克斯坦的阿尔马雷克厂、俄罗斯的新西伯利亚锡厂等[33]。

铟用途广泛，是高科技领域不可或缺的关键原材料之一，在计算机、能源、电子、通信、光电、医药、卫生、国防军事、航空航天、核工业和现代信息产业等领域得到极其广泛的应用，极具战略地位[34]。

全球每年需约 1500t 铟原料，其中，80% 以上铟原料用于铟锡氧化物（ITO）靶材生产，ITO 具有可见光透过率≥95%、紫外线吸收率≥70%、对微波衰减率≥85%、导电和加工性能良好、膜层既耐磨又耐化学腐蚀等优点，被广泛用作功能材料，用于制造薄膜晶体管、液晶平面和等离子显示器、飞机和牵引车挡风板的除雾剂和防冻剂等；其他铟原料如含铟的Ⅲ～Ⅴ族化合物半导体材料主要用于电子工业；锑化铟和砷化铟用于红外探测、太阳能转换器等；磷化铟用于微波通信、光纤通信中的激光光源和太阳能电池材料；银铅铟合金可制造高速航空发动机的轴承；低熔点合金可制作假牙和装饰品；此外，在电池的负极材料中添加铟可起防腐作用[35-43]。

日本和美国等科技大国是 ITO 靶材主要消耗国家，近几年韩国和中国台湾地区的 ITO 靶材用量也在逐年增加。而随着中国大陆经济的快速发展，对 ITO 靶材的需求也在快速增加。中国市场每年对 ITO 材料的需求量在 200t 左右，其中，用于 TFT 约 150t，用于 TN 和 STN 约为 50t[44-48]。

1.3.1.1　世界铟资源的分布及特点

世界上铟资源的分布十分不均匀，已探明的铟资源主要分布于大陆边缘锡矿带，如中欧、澳大利亚南部、南美、东亚、美国西部以及加拿大东部等地区[49]。世界上最大的铟矿床则位于与板块俯冲作用有关的西太平洋板块边界（如东亚和东北亚地区）、玻利维亚和 Nazca-南美板块边界、秘鲁的北美西板块边缘以及中欧的海西和阿尔卑斯造山带[50-52]。

目前世界已探明的铟储量为 11000t，储量基础为 16000t。铟资源比较丰富的国家有中国、秘鲁、美国、加拿大和俄罗斯等，这些国家铟储量占全球铟储量的 80.6%，中国铟储

量居世界首位。根据美国地调局统计资料，2010 年我国铟资源储量占到世界总量的 73%
左右，在世界铟资源储量上处于绝对优势地位，但具有经济意义的可独立开采的铟矿床
极少，铟通常与其他金属矿共伴生。在目前的技术经济条件下，金属铟主要从伴生铟的
铅锌矿冶炼过程中提取，少量的铟从锡石冶炼过程提取，全球铟储量具体情况如
表 1.3[53]。

表 1.3　世界铟资源储量分布情况

国家	已探明储量		储量基础	
	数量/t	占比/%	数量/t	占比/%
中国	8000	72.7	10000	62.5
秘鲁	360	3.3	580	3.6
美国	280	2.5	450	2.8
加拿大	150	1.4	560	3.5
俄罗斯	80	0.7	250	1.6
全球合计	11000	100	16000	100

铟在地壳中的含量为 1×10^{-5}%，地壳中的铟矿物有硫铟铜矿（$CuInS_2$）、硫铟铁矿
（$FeInS_4$）和水铟矿 In（OH）$_3$ 等，但并未发现单一的或以铟为主要成分的天然的可开采的
铟矿床[54]。在自然界中，大部分铟均以微量的形式分散伴生于其他矿物中，现已发现约有
50 余种矿物中含有铟，其中铟含量最高的矿物是铅锌矿床，主要富集于硫化矿精矿，特别
是闪锌矿中。此外，锡石、黑钨矿及闪角石也常含较多的铟（表 1.4）[55]。一些火力发电厂
的飞灰中也常含有铟。但目前，有工业回收价值的含铟矿物主要为闪锌矿，闪锌矿中铟含量
一般为 0.001%～0.1%（有时可高达 1%），而且从锌冶炼过程回收铟的技术也是目前回收
铟的主要方法[56]。

表 1.4　铟在不同矿石中含量

矿物名称	In 含量/%	矿物名称	In 含量/%
铜铅锌的锡石和黑钨矿石	0.01～0.03	辉锑矿石	0.002～0.004
闪锌矿石	0.0001～0.1	多金属硫化矿石	0.0005～0.001
铜钼矿石	0.001～0.003	含锌黄铁矿硫化物矿石	0.001～0.003

铟矿床主要分为独立矿床和伴生矿床 2 大类（表 1.5）。但由于矿石中含铟较低、回收
成本高、技术落后等原因，独立矿床中的铟以目前的工业水平还无法高效回收利用。全世界
大部分的铟均来自伴生矿床中的含铟铁闪锌矿的冶炼过程，少量铟也从含铟锡石和铁矿物的
冶炼过程中得到回收。其中，含铟铁闪锌矿、锡石等主要来自于原生的锡锌铟矿床，如广西
大厂、文山都龙等矿区，矿床主要产于白云质灰岩、白云岩、灰岩与花岗岩接触带[57,58]。
其主要特点是有用矿物多（多以硫化矿形式存在）、矿石性质复杂、嵌布粒度细、硫和铁杂
质多，属高硫高铁难选复杂多金属硫化矿；含铟铁矿物主要来自次生的锡锌铟矿床，如中国
个旧矿区，属于难选复杂多金属氧硫混合矿，其与原生锡锌铟矿床的主要区别在于矿床产于
原生锡、多金属矿床氧化带，有用矿物氧化率高，含泥量高等[59]。

表 1.5 铟的矿床类型及成矿特点

矿床类型	产出特点	矿物种类	产地	独立/伴生
铟锡锌矿床	晚三叠纪砂岩、页岩、磷灰石岩	硫铟锌矿、硫铁铟矿、黄铟矿、锡石、铁闪锌矿	俄罗斯雅库特、法国阿利	独立矿床
钨锡铅锌铟矿床	钠长石化、云英岩化花岗岩	自然铟、黑钨矿、锡石、铁闪锌矿	俄罗斯外贝加尔	独立矿床
原生锡锌铟矿床	白云质灰岩、白云岩、灰岩与花岗岩接触带	含铟锡石、黄铟矿、含铟铁闪锌矿	中国广西大厂、文山都龙	伴生矿床
次生锡锌铟矿床	原生锡、多金属矿床氧化带	赤铁矿、水赤铁矿、褐铁矿、水铟矿	中国个旧	伴生矿床

1.3.1.2 我国铟资源的分布及特点

我国铟资源储量居世界第一,已探明的铟储量超过 1 万吨,主要分布在铅锌矿床和铜铅锌锡多金属矿床中。在已探明的铅储量为 3573 万吨,锌储量为 9379 万吨矿床中,与铅锌矿床共伴生的铟储量达 8000t 左右。已知的铟矿产资源分布于十多个省(区),集中分布在云南(占全国铟总储量的 40%)、广西(31.4%)、内蒙古(8.2%)、青海(7.8%)和广东(7%),其他地区如湖南、江西、贵州等地也有少量含铟矿物[60-62]。我国含铟矿床的共伴生特点见表 1.6。

表 1.6 中国含铟矿床的共伴生特点

矿床名称	主要金属元素	共伴生元素
凡口铅锌矿床	Pb、Zn	Cd、Ga、In、Ge、Ti
个旧锡铜多金属矿床	Sn、Zn、Cu	In、Ga、Ge、Cd
大厂锡多金属矿床	Sn、Zn、Pb、Sb	In、Ga、Ge、Cd
都龙锡锌多金属矿床	Sn、Zn、Cu	In、Cd
万山汞矿	Hg	In、Te、Se、Cd
七宝山多金属矿床	Fe、Cu、Pb、Zn	In、Te、Ge、Cd、Ga

我国并没有发现独立的铟矿床,铟均以共伴生的形式存在于各类有用矿物中。张乾[63]等对我国不同类型铅锌矿石中铟的富集、赋存状态进行了研究和分析,发现锡石硫化物矿床和富锡的铅锌矿床含铟较多。杨敏之[64]研究我国分散元素的矿床类型、成矿规律,其结论与张乾等不谋而合,他发现我国的铟储量较大的矿区中的铟主要伴生在含锡的多金属矿床中,如个旧、大厂、都龙等矿区;其次,铅锌矿床中同样伴生铟,如凡口铅锌矿等;此外,在万山汞矿中同样发现了伴生铟的存在,这将成为我国回收铟资源的又一条新途径。

我国是全球第一大原生铟供应国,其次是韩国、加拿大和日本等,而再生铟主要产自日本、韩国和我国台湾等地[65-69]。我国的铟生产主要集中在云南(都龙、蒙自、个旧)、广东(韶关)、湖南(株洲、郴州、湘潭)、江苏(南京锗厂)、广西(柳州、南丹)和辽宁(葫芦岛锌厂)等。2006 年,我国的铟生产能力已达到 657t,其中原生铟占 70%,约 457t。2006 年我国实际铟产量为 537t,其中原生铟 270t,占 50%。近几年,由于铟的市场价格下滑以及我国对铟资源的保护,我国的铟产量有所下滑,尽管如此,我国仍是世界第一铟生产国。

日本是世界第二大铟生产国，同时也是铟最大的消费国。日本每年铟需求量占世界铟年产量的70%以上，且绝大部分铟都是从中国进口，对我国的铟供应有很强的依赖性。尽管我国原生铟产量世界第一，但由于技术落后，对于高科技的铟材反而需要进口，因此，在铟的话语权问题上，作为铟资源的大国反而要听命于他人[70]。随着我国信息化高新技术产业的迅速发展、军事装备水平的不断提高，对铟材料的需求也日趋增加，铟市场前景一片光明，其战略地位也逐渐凸显，而中国也将很快会成为铟的使用大国。因此，加大对新型高科技铟材料的研发对我国在世界铟地位的提升具有重要意义[71]。

云南省铟资源十分丰富，储量居全国第一。其中，云南华联锌铟股份公司伴生的有用元素多（In、Ag、Ga、Ge、Cd、Au等）。铟主要伴生在难以选-冶的高铁闪锌矿中，分布率约为70%，每年产铟金属约60t；云锡个旧地区铟的储量达650t，品位为12～115g/t，年产铟金属约15t；蒙自矿业的白牛厂矿区铟、锗的含量分别为32g/t、19g/t，年产铟金属也高达50t左右。此外，还有其他一些中小型铅锌矿床同样伴生丰富的铟资源，如澜沧铅锌矿老厂矿区铟的含量为24g/t，铟储量也达到了100多吨[72]。

1.3.2 锗资源的分布及特点

锗，化学符号是Ge，原子序数是32，它是一种有光泽、质硬的灰白色金属。锗属于碳族，密度5.35g/cm³，熔点937.4℃，沸点2830℃，化学性质与同族的锡与硅相近。在自然环境中，锗共有五种同位素，原子质量数在70～76之间[73]。

锗是一种稀有金属，是重要的半导体原料。现代工业生产的锗，主要来自铜、铅、锌冶炼的副产品[74]。锗的化学性质稳定，常温下不溶于水、盐酸和碱性溶液，不与空气或水蒸气作用；在600～700℃时，会氧化生成二氧化锗；在浓硫酸中加热时，锗会缓慢溶解；在硝酸、王水中，锗易溶解；碱溶液与锗的作用很弱，但空气中熔融的碱能使锗迅速溶解；锗与碳不起作用，所以在石墨坩埚中熔化，不会被碳所污染[75-78]。

锗用途较广，主要用于电子工业、光学工业、红外光学器件、光导纤维、医学、冶金、能源等领域[79]。锗的化合物可用于制造荧光板及各种高折光率的玻璃；锗单晶可用来生产低功率半导体二极管、三极管；高纯锗单晶由于具有较高的折射系数，可透过红外线，但不可透过可见光和紫外线，因此可用于制造专透红外光的锗窗、棱镜或透镜等，由锗光学元件组成的红外光学镜头是热像仪产品里除探测器以外的关键部件，直接决定着红外热像仪的光学成像质量。据估计，目前全世界锗在红外光学领域的年需求量占整个锗消费量的30%左右[80-84]。此外，锗和铌的化合物可作超导材料；氧化锗玻璃具有较高的折射率和色散性能，可用于广角照相镜头和显微镜，在空间技术上可用于保护超灵敏的红外探测器等；二氧化锗是聚合反应的催化剂；三氯化锗还是新型光纤材料的添加剂；锗还可作锗电池，广泛用于空间站太阳能电池领域，与国家安全紧密相关[85-89]。

锗的生产主要集中在美国、英国、比利时、德国、俄罗斯、乌克兰和中国等。其中，美国主要从有色金属冶炼过程中回收锗，英国主要从煤中回收锗，比利时主要从扎伊尔的锗矿中回收锗，而中国、俄罗斯和乌克兰等国家主要从煤、有色冶炼厂及铁矿中回收锗。比利时的奥波肯公司是世界最大的锗生产公司，其次为美国的皮切尔公司，再次为德国的PPM pure metals公司。云南驰宏锌锗、云南锗业和罗平锌电则是我国主要的锗生产企业，其中驰宏锌锗是全国最大的锗生产出口基地，锗产量约占世界产量的 10%[90]。

由此可见，铟和锗都是稀缺、有限、不可再生的重要战略资源，广泛应用于计算机、能源、电子、通信、光电、医药、卫生、国防军事、航空航天和现代信息产业等国防军事高科技领域及民用领域，与国家的安全和人民的生活紧密相关。基于铟和锗的重要地位，国家已把铟和锗产品定性为国家战略性产品，并对铟和锗进行战略收储，进一步提升了铟和锗的战略价值。

1.3.2.1　世界锗资源的分布及特点

世界锗资源极度贫乏，其储量远远小于黄金储量。目前，全世界已探明的锗保有储量约为 8600 金属吨，而已查明的黄金储量约为 8.9 万吨，约为锗储量的 10 倍[91]。全球已探明的锗资源分布非常集中，主要分布于美国、中国及加拿大。其中，锗资源储量最多的国家是美国，保有储量 3870 吨，占全球总量的 45%；其次是中国，占全球锗储量的 41%；加拿大也分布有约全球 10% 的锗储量；而其他国家加起来锗储量仅占 4% 左右（全球锗资源分布见图 1.7）[92]。

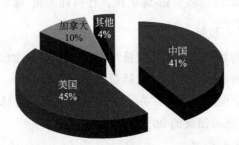

图 1.7　全球锗资源的分布情况

锗与镉、镓、铟、硒、碲、铊和铼等均属分散元素。它在洋壳中丰度为 1.5×10^{-6}%，陆壳中为 1.6×10^{-6}%[93]。地壳中的锗矿物有锗石（Cu_3FeGeS_4）、灰锗矿（$Cu_2FeZnGeS_4$）、硫铜锗矿（$Cu_6Fe_2GeS_8$）和硫银锗矿（Ag_8GeS_6）等[94]。锗在自然界中形成独立矿物的概率很低，主要呈分散状态分布于其他元素组成的矿物中，通常被视为多金属矿床的伴生组分[95]。然而，越来越多的证据表明，锗在一定条件下同样可以形成独立的矿床或工业矿体[96,97]，如西南非特素木布锗矿床（Ge 含量高达 8.7%），内蒙古乌兰图嘎超大型锗矿床（Ge 金属储量 1600t），云南临沧超大型锗矿床（Ge 金属储量 800t，最高品位可达 1470×10^{-6}%）[98,99]。此外，还有刚果卡丹加锗矿床、玻利维亚中南部锗矿床与英国伊尔科什盆地锗矿床等等。尽管如此，绝大部分的锗多呈伴生矿产于铜、铅、锌、砷、银等的硫化物矿床内。共生矿物有闪锌矿、方铅矿、砷黝铜矿、斑铜矿、黄铜矿、硫砷铜矿、毒砂及辉银矿等。其中，约 70% 的锗主要伴生在铅锌矿床中，其次伴生在煤矿中，少数伴生在铜矿中，其他矿物中更少。

锗矿床同样可分为伴生锗矿床和独立锗矿床两大类[100]。在岩浆结晶过程中，锗不仅能替代硅酸盐矿物晶格中的硅和铝，还能以晶格替换的方式进入硫化物、硫酸盐、铁氧化物、氢氧化物以及某些煤中[101]。由于硅酸盐矿物中的锗含量低，且分布不均匀，因此通常不具有工业价值。目前，具有独立开采价值和工业价值的锗主要富集于硫化矿中的闪锌矿、含锗褐煤以及少数锗独立矿中。遗憾的是在世界范围内已探明的具有开采价值和工业价值的独立锗矿床较少,因此,从伴生矿床和褐煤中回收锗仍占据主要地位。

独立锗矿床:矿床中有锗独立矿物存在或富含锗的载体矿物(类质同象矿物或吸附体等)中锗的品位及价值大于其他矿物,可作为独立锗矿床开采;矿床规模较大,锗不再是副产品或伴生回收的元素,而是以独立精矿形式回收。独立锗矿床一般可分为:①铜-铅-锌-锗矿床,如玻利维亚中南部锗矿床;②砷-铜-锗矿床,如西南非特素木布矿床(Ge 含量为8.7%);③锗-煤矿床,如内蒙古乌兰图嘎超大型锗矿床。

伴生锗矿床:锗品位不具备独立开采价值,常在选矿过程中伴生在其他精矿中(如含锗闪锌矿、铁矿等)而得到回收。伴生锗矿床有:①含锗的铅锌硫化物矿床,如我国最大的锗生产基地云南会泽铅锌矿床主要矿体中锗含量达 25~48g/t(最高可达 2000g/t)及广东凡口铅锌矿床中同样含有大量的伴生锗[102];②含锗的沉积铁矿床和铝土矿床,如湖南宁乡铁矿[103];③含锗有机岩(煤、油页岩、黑色页岩)矿床,如内蒙古五牧场区次火山热变质锗-煤矿床(锗最高可达 450×10^{-6}%、煤灰中可达 1%)、云南临沧帮卖锗矿床和俄罗斯东部滨海地区热液-沉积成因的巴甫洛夫锗-煤矿床、什科托夫锗-煤矿床等[104,105]。

1.3.2.2 我国锗资源的分布及特点

我国锗资源储量位居世界前列,保有储量约 3500 金属吨,而远景储量达到约 9600 金属吨,是全球第二大锗资源国,在世界锗资源储量上占有明显优势。我国已探明含锗矿产地约有 35 处,主要分布在 12 个地区,其中广东、云南、内蒙古、吉林、山西、广西、贵州等省(区)储量较多,约占全国锗总储量的 96%[106]。

我国含锗矿床主要有 3 种类型:

① 中、低温热液含锗硫化物矿床:在含铜多金属矿床、铜-钼矿床、铜-黄铁矿矿床、银-锡矿床及钴矿床等中、低温热液形成的硫化物矿床中,锗主要以伴生的形式赋存在银、锡及铜的硫砷化物、硫锑化物及闪锌矿中,可作综合回收的对象。如在古生代至中生代时期形成的会泽中、低温热液铅锌硫化矿床中伴生大量锗元素,也是我国最大的锗生产基地[107]。近年来,内蒙古自治区也发现规模很大的锗矿床,大部锗赋存在闪锌矿中,储量基础很大。

② 含锗的沉积铁矿床和铝土矿床:以热液成因的铁矿床(包括矽卡岩铁矿床)和铝土矿床中,锗的含量有时可达综合回收的要求。典型的是云南大红山铁铜矿床,其锗的富集开始于元古宙时期[108]。

③ 含锗有机岩矿床,如煤、油页岩、黑色页岩及石油等,也是锗的重要来源之一。该类矿床中锗的品位异常高,很多都具有独立开采的价值。我国已发现了具有独立开采价值的大型独立锗矿床,如云南临沧的帮卖锗矿床,是我国乃至世界罕见的含煤地层中的独立锗矿床。该矿床原以开采煤矿为主,但事实上锗的价值远远超过煤,目前,该矿已成为我国主要的锗资源基地之一[109]。

我国是全球最大的锗生产国,2012 年锗产量为 90t(云南占 60%),占全球总产量的70.31%。而俄罗斯与美国锗产量分别仅为 5t 和 3t。由此可见,我国的锗生产严重影响着全球锗的供应,主要是因为我国 60% 的锗原料来自于褐煤矿中,铅锌矿也占了约 30%,其他约占 10%[110]。而其他国家的锗生产绝大部分来自于铅、锌冶炼的副产品,少量来自于废料的二次回收利用。如美国锗的储量虽然全球第一，但锗主要伴生在铅锌矿中，因此锗的产量受制于铅、锌的生产。

云南是我国锗生产的主要基地，锗年产量占全国的 60% 以上，主要的生产企业有驰宏锌锗、云南锗业和罗平锌电等[111]。云南省的锗资源主要分布在铅锌矿和含锗褐煤中，锗的储量达到 2000 多吨。含锗铅锌矿主要分布在会泽县，也是我国主要的铅锌锗生产基地，同时也是川滇黔成矿三角区富锗铅锌矿的典型代表。会泽铅锌矿中锗储量达 600t，平均含量达到 35.7g/t，最高可达 2200g/t，锗在闪锌矿中的分布率为 93%。滇西褐煤矿中，现已发现具备工业开采价值的锗资源矿区有 4 个，包括帮卖（大寨和中寨）、腊东（白塔）矿区、芒回矿区和等嘎矿区，锗储量共计约 2177t，其中帮卖的大寨和中寨是我国最大的锗矿，储量约 1620t。目前正在开采的云南临沧超大型锗矿床锗金属储量为 800t，最高品位可达 1470g/t[112]。

综上可以看出：世界铟和锗资源储量极其匮乏，并未发现具有工业开采价值的独立铟矿床，铟金属主要来源于载铟闪锌矿的冶炼过程；尽管已发现部分可开采的锗独立矿床，但从载锗闪锌矿中回收锗仍是锗金属的主要来源之一，因此，深入加强对载锗和载铟闪锌矿的理论研究对铟和锗的高效回收、资源的综合回收具有重要意义。

1.4 稀散金属铟和锗载体闪锌矿的研究现状

1.4.1 铟和锗载体闪锌矿的单矿物研究

我国与复杂、难选的多金属矿资源关系密切的铟、锗、银等稀贵金属资源十分丰富，它们常常共伴生在铜、铅、锌等有色金属资源丰富的闪锌矿、铁闪锌矿、黄铜矿、方铅矿等矿物中[113]。

铟：由于铟离子（In^{3+}）半径为 0.92Å❶，与 Zn^{2+} 半径 0.83 Å、Fe^{2+} 半径 0.83 Å 和 Sn^{4+} 半径 0.74 Å 相近，因此，铟常以晶格置换的方式进入闪锌矿和锡矿中。通常闪锌矿和铁闪锌矿中共伴生价值很高、用途很广的铟[114]。

锗：锗与锌的关系尤为密切，方铅矿和黄铁矿中的锗含量都很低，平均含量低于 0.0001%，最高含量也低于 0.0003%。从锗的地球化学和结晶化学特征分析，锗与锌原子核半径相差不多（锗为 1.46 Å，锌为 1.37 Å），锗、锌与硫呈四面体配位，形成闪锌矿型结构，因此，锗可能以类质同象置换闪锌矿中的锌[115]。

铟（In）和锗（Ge）等有价值的稀散元素经过不同的成矿原因而进入闪锌矿中，形成了与普通闪锌矿物理化学性质差异较大的载铟、载锗闪锌矿[116]。理想闪锌矿是一种直接 P 型半导体，其带隙值为 2.18eV，硫空位和锌空位都使闪锌矿的晶格常数变小。硫空位使闪锌矿的禁带变窄，并且在顶价带形成一个能级，其费米能级向高能方向偏移；而锌空位则使闪锌矿的禁带变宽，其费米能级向低能方向偏移，并且在价带出现简并态[117-119]；锗和铟取代使闪锌矿带隙值变宽，而铟取代使闪锌矿的半导体类型由直接 P 型半导体转变为直接带隙 N 型半导体，锗取代不改变闪锌矿的半导体类型。理想闪锌矿是绝缘体，不能吸附氧

---

❶ 1Å=10^{-10}m。

气，因此不能被黄药捕收，晶格缺陷或被其他原子取代可以改变闪锌矿的导电性，使闪锌矿从绝缘体变为半导体，从而促进氧的吸附，进而提高黄药的吸附[120]。

1.4.1.1 载铟闪锌矿的研究

（1）无捕收剂浮选

以广西大厂载铟闪锌矿为研究对象，张芹等[121]发现其天然可浮性差、活化难。在酸性条件下，在闪锌矿表面自身氧化生成了疏水性单质硫 S^0，而实现无捕收剂的自诱导浮选；余润兰[122]等采用循环伏安法发现在中性和弱碱性条件下，闪锌矿中的铁使得其表面腐蚀速率降低，氧化反应速率变慢，表面羟基化作用增强，造成浮选活化难。添加少量的硫化钠且矿浆电位控制在一定范围内，溶液中的 HS^- 会吸附在矿物表面并氧化生成具有疏水性的 S^0 而改善闪锌矿的可浮性，实现无捕收剂浮选，即硫诱导浮选。但硫化钠用量过高时，矿浆电位明显变小，不能满足 HS^- 的氧化，诱导浮选行为消失。

（2）捕收剂浮选

丁黄药体系下，广西大厂载铟闪锌矿在酸性条件下有良好的可浮性，在碱性条件下可浮性显著降低。经过 Cu^{2+} 活化后的铁闪锌矿具有良好的可浮性，但同时毒砂也受到不同程度的活化，铁含量高的闪锌矿与毒砂的可浮性差异较小，达不到浮选分离的目的。丁黄药通过化学吸附的方式作用在闪锌矿表面，可能产生双黄药 X_2 和黄原酸锌 ZnX_2，但 ZnX_2 稳定存在的区域不大；在高碱条件下，闪锌矿自身的氧化严重阻碍了丁黄药在其表面的吸附和疏水性物质的形成[123-125]。

乙黄药体系下，乙黄药在广西大厂载铟闪锌矿表面的吸附量随 pH 值的升高而降低，表面生成的疏水物质主要是双黄药；在弱酸性条件下，闪锌矿表面有少量的 EPX $[(C_2H_5)_2OCS_2O^-]$ 盐；弱碱性条件下有少量的 MTC $[(C_2H_5)_2OCSO^-]$ 盐[126]。有硫酸铜存在时，闪锌矿的可浮性得到改善，当硫酸铜用量达到一定程度时，在整个 pH 值范围内铁闪锌矿均有较好的可浮性，闪锌矿表面主要生成物为 $CuEX$[127]。

丁铵黑药体系下，闪锌矿只有在酸性条件下才有较好的可浮性，当 pH 值>5 以后，上浮率急剧下降。使用氧化剂过硫酸铵、还原剂硫代硫酸钠调节矿浆电位，发现磁黄铁矿、脆硫锑铅矿和铁闪锌矿在不同 pH 值下可分离电位区间很窄[128]。

乙硫氮体系下，在酸性条件下，当电位为 0~200mV 时，乙硫氮在闪锌矿表面电化学吸附形成双乙硫氮（D_2）；当电位为 410mV 时，乙硫氮与矿物表面发生电化学反应形成 ZnD_2 和疏水性单质硫 S^0；电位大于 600mV 后，矿物表面发生自腐蚀反应。在中性和碱性条件下，闪锌矿表面的电极过程主要由自腐蚀阳极溶解控制。随着 pH 值的增大，表面产物的中间态分别为 $Fe(OH)D_2$、$Fe(OH)_2D$ 和 $Zn(OH)D$，并随电位增大进一步氧化成 $Zn(OH)_2$、$Fe(OH)_3$ 和 D_2，矿物表面亲水性增强，可浮性降低[129]。

1.4.1.2 载锗闪锌矿的研究

会泽铅锌矿石是世界上极少见的特富铅锌矿石，也是我国最大的锗生产基地，其锗元素主要分布在闪锌矿中。

刘书杰[130]等以会泽含锗闪锌矿为研究对象研究了不同的磨矿介质对磨矿环境（如矿

浆 pH、矿浆电位、溶解氧含量和离子浓度等）和矿物的表面性质（如解离度、表面腐蚀等）的影响。结果表明，瓷介质和铁介质磨矿均使矿浆的 pH 值随磨矿时间的延长而略有上升，且矿浆的溶解氧含量也随之而逐渐降低；使用瓷介质磨矿时矿浆电位变化不大，铁介质磨矿时电位下降明显；2 种磨矿方式均没有改变闪锌矿表面物质组成，Fe^{2+} 是矿浆电位和溶解氧变化的主要原因。

刘爽[131] 等研究发现镁离子和硫酸根离子在整个 pH 值范围内对会泽闪锌矿的浮选几乎无影响，钙离子只在碱性条件下影响闪锌矿浮选，并加剧了对黄铁矿的抑制。

李俊旺[132] 等采用分批刮泡浮选试验方法，根据模糊数学中的隶属度和隶属函数，研究会泽闪锌矿、方铅矿和黄铁矿的矿物浮游性。结果表明方铅矿和黄铁矿可浮性较好且相近，闪锌矿可浮性较差，3 种矿物的浮游性依次是方铅矿＞黄铁矿≫闪锌矿。以此为基础，北京矿冶研究总院在小型试验、半工业试验基础上，创造性地提出结构合理、易于控制、操作稳定、指标先进的"铅硫等可浮-异步选铅-锌硫混选-锌硫分离"异步浮选新技术，并成功应用于工业实践，有力推动了我国铅锌矿山选矿工艺的发展。

1.4.2　铟和锗载体闪锌矿的实际矿物研究

我国含有铟的载体锌矿物的知名矿床主要有都龙铜锌锡铟复杂多金属矿、蒙自铅锌锡铟多金属矿、大厂锡石-硫化矿多金属矿、锡铁山铅锌矿等，含锗的载体锌矿物知名矿床主要有会泽铅锌矿、凡口铅锌矿等。

都龙铜锌锡铟复杂多金属矿是我国最大的锡石硫化物矿床之一[133]。伴生的有用元素多（In、Ag、Ga、Ge、Cd、Au 等），其中铟储量为全国第一，有 5699t 铟，占云南保有储量的 85％，主要伴生在难以选-冶的高铁闪锌矿中，银主要伴生在黄铜矿中，部分伴生在高铁闪锌矿中；矿石中铟、银、锗、镓、钴、镉含量分别约为 80g/t、29g/t、14g/t、15g/t、40g/t 和 150g/t；铟、银、镉在闪锌矿中的分布率分别约为 70％、35％和 92％。铟、银、镉、锌、铜等稀贵金属和有色金属的回收率低，镓、锗等稀贵金属没有考虑回收[134]。童雄[135-137] 等针对都龙铜锌锡铟复杂多金属伴生情况，经过 10 余年的技术攻关，先后研发了载铟闪锌矿的新型活化剂 X-1、T-1 和 X-41 等替代传统的硫酸铜，成功解决高铁闪锌矿与黄铁矿在低碱条件下高效分离的技术难题，使锌精矿由早期的（2006 年）精矿品位 35％、回收率 70％提高到目前精矿品位 45％、回收率 88％左右。伴生铟的回收率也从原来的 30％提高到了 60％左右，此外，由于新药剂的使用降低了矿浆 pH 值和石灰用量，也使得其他有用矿物如铜、锡、铁等的精矿品位和回收率得到一定幅度提高，大大增强了资源的综合利用率。

云南蒙自白牛厂铅锌矿属铅、锌、银多金属共生硫化矿，原矿性质复杂，铅锌氧化率较高，嵌布粒度细。金属储量分别为：铅 105.5 万吨、锌 165 万吨、锡 8.6 万吨、银 6266 吨、铟 2400 吨，资源价值近 800 亿元[138,139]。陈玉平[140] 等研发了一种易溶于水、高效的淡黄色粉状固体巯基类捕收剂 MA 与乙硫氮混合作捕收剂在现场应用，相比之前的丁黄药与乙硫氮混合作捕收剂，铅精矿的品位和回收率分别提高了 3.81％和 7.7％，锌精矿的品位和回收率分别提高了 2.09％和 4.24％，效果显著。

广西大厂锡石-硫化矿多金属矿含锡 116.3 万吨、锌 471.5 万吨、铅 107.5 万吨、锑

91.8 万吨、三氧化钨 2 万吨、银 4900 吨、硫 983 万吨、砷 113.7 万吨，还有铅、锑、钨、铟、镉等有用成分。目前，大厂可开采的矿产资源主要集中在 92# 贫矿体及 105# 富矿体以及低品位复杂铜锌矿，铟主要富集在 105# 矿体中，92# 矿体也含有少量铟，而铜锌矿中几乎不含铟（具体成分见表 1.7）[141]。章振根等[142] 的研究表明：大厂矿田的铟广泛分布于锡石硫化物矿床的铁闪锌矿中，其次分布于脆硫锑铅矿和含锡矿物中。铟在铁闪锌矿、脆硫锑铅矿、辉锑锡铅矿、黝锡矿、锡石等矿物中的含量呈由多到少的变化规律，铁闪锌矿中铟的含量最高，平均为 421 g/t，锡石中的铟含量很低，平均为 3g/t。92# 矿体是目前大厂矿区储量最大的锡石多金属矿体，由车河选矿厂处理，主要使用重-浮选-重选流程。经过多年技术攻关，2009 年车河选矿厂锌的回收率也仅为 73.48%。105# 富矿体主要由巴里选矿厂处理，采用磁-浮-重联合流程，在原矿锌品位高达 13.24% 的条件下，2009 年锌的回收率也才 84.13%，但铟、镉等的回收并未考察[143]。

表 1.7 大厂主要矿体多元素分析

矿体	Sn/%	Pb/%	Zn/%	S/%	As/%	Sb/%	Cu/%	Fe/%	SiO$_2$/%	CaO/%	Ag /(g/t)	In /(g/t)
铜锌矿	0.027	0.12	4.33	15.6	0.63	0.068	0.23	12.98	42.97	5.7	16	—
92#	0.67	0.31	2.1	6.5	0.78	0.17	0.041	7.48	72.35	4.46	19	13
105#	1.35	0.69	13.5	31.35	2.44	3.25	0.02	30.76	2.6	3.14	100	300

青海锡铁山是亚洲第二大铅锌矿山，蕴藏着 2900 万吨铅锌矿，还伴生有铟、锗、镓、镉、金、银、铜、铁等多种稀有金属和贵重金属，被誉为"藏珍聚宝之地"。矿山所生产的锌精矿含铟在 100 g/t 以上，铟含量较高，是金属铟回收比较理想的原料。锗、镓、镉的含量也高于国内同类型的大多数矿山，潜在价值极大[144,145]。王庚成[146] 等采用新型抑制剂 T6 抑制锌矿物，并在选铅的过程中添加辅助捕收剂 D3，锌品位由 48.82% 提高到 49.62%，回收率由 87.08% 提高到 88.07%。遗憾的是自 1987 年正式投产至 2004 年，青海锡铁山并未考虑铟的回收，公司于 2005 年才建成铟的冶炼生产线回收铟，但锗、镓、镉和其他稀贵金属元素仍然没有得到有效回收[147]。

会泽铅锌矿石是世界上极少见的特富铅锌矿石，也是我国最大的锗生产基地[148]。Pb+Zn 品位特高，多在 25%～35%，部分矿石 Pb+Zn 含量超过 60%，居全国前六位；锗、银、镉含量分别约为 35.7g/t、54.7g/t 和 38.0g/t，锗储量达 600 吨，最高含量可达 2200g/t，锗、镉在闪锌矿中的分布率分别约为 93% 和 95.8%[149]。由于入选矿石品位剧烈波动及氧化率差异大、目的矿物的嵌布关系复杂等矿石性质因素和磨选工艺技术因素的影响，经技术革新，选矿厂目前采用异步浮选新技术。投产数年来，铅锌回收率大幅度提高，分别为 83%～84% 和 90%～93%，还有一定的上升空间，但锗的回收率仅为 70% 左右，提升空间较大[150,151]。

广东凡口铅锌矿是我国最大的铅锌地下开采矿山，以其储量大、品位高、嵌布粒度细、难选而闻名。矿床中除富含铅、锌、硫外，还富含银、汞、锗、镓、镉等有回收价值的金属。闪锌矿是锗的主要载体矿物，93.24% 的锗分布于闪锌矿中[152-154]。近十几年来，中金岭南公司不断开展对凡口铅锌矿选矿过程中锗的走向及回收的综合研究，并通过不断的工艺改进，从无氰浮选工艺、高碱工艺、快速优先浮选工艺到目前使用的电化学调控浮选工艺，为我国铅锌选矿工艺技术的发展作出了重大贡献[155,156]。研究还发现硫酸锌对锗的回收率有显著影响，在取消使用硫酸锌抑制闪锌矿后，闪锌矿中的锗回收率显著提高，从70.09%提高到92.58%，可高效合理地回收稀散金属资源[157,158]。

此外，广西河三铅锌矿、四川会理铅锌矿、云南昭通铅锌矿以及呼伦贝尔铅锌矿等，也都属于复杂难选的多金属矿并含有不同的铟和锗储量，现有的选矿工艺和药剂制度，选别效果不理想，且选矿过程中忽视铟和锗的回收，资源损失较大，选矿指标存在较大的提升空间。

由此可见：铟和锗载体锌矿物的单矿物研究过程中，除了童雄及其课题组针对载铟铁闪锌矿的特殊性质开发出高效的活化剂外，绝大多数研究者仍把铟和锗载体锌矿物当成普通的闪锌矿或铁闪锌矿来作为研究对象，忽视了铟和锗取代对锌矿物的表面构型、电子结构以及可浮性等的影响。在实际生产过程中，大多选矿厂忽视铟和锗等稀散金属的回收，且浮选的工艺参数如磨矿细度、矿浆pH值、充气量、搅拌强度、浮选药剂用量、浮选时间等也同样按传统的闪锌矿或铁闪锌矿的标准来制订，缺乏对铟和锗载铟锌矿物的浮选理论认识，致使浮选回收率差。因此，深入研究铟和锗载体锌矿物与普通闪锌矿的差异刻不容缓，对铟和锗的高效回收具有重要意义。

第2章
铟和锗载体闪锌矿的物性及表面构型

矿物表面的结构和物理化学性质是矿物浮选的基础。药剂的作用和电子的转移都是在矿物表面发生和完成的，而不同的矿物、晶面或表面暴露出的原子不同都会导致矿物表面的性质差异，从而导致浮选行为的差异。

化学组成和晶体结构是矿物的基本特征，是决定矿物形态和物理性质以及成因的根本因素，也是矿物分选的依据，矿物的回收利用也与它们密不可分。因此，本章主要研究载铟、载锗和普通闪锌矿的电子结构、表面形貌、元素分布和润湿性等基本物理化学性质差异，从本质上分析3种闪锌矿间的差异性。

2.1 物理化学性质分析

试验所用的载铟和载锗闪锌矿分别取自云南蒙自矿冶有限公司的白牛厂矿区和会泽铅锌矿，常规的不含铟和锗的闪锌矿取自滇东某铅锌矿。试样经手工破碎去除大部分肉眼可见的杂质矿物得到较高品位的矿物后，再委托昆明理工大学地质系专家通过重选、淘洗以及电磁选等除杂后得到纯度为95%以上的纯矿物，整个挑选过程中未添加任何化学试剂。

2.1.1 多元素分析

闪锌矿的化学符号是ZnS，属等轴晶系的硫化矿，常含有铁（Fe）、镉（Cd）、铟（In）、锗（Ga）等有价值元素。通过多元素分析能准确地定量分析出矿石中各种元素的含量，包括对浮选有益和有害的元素等。三种纯矿物的多元素分析结果见表 2.1～表 2.3。

表 2.1　载铟闪锌矿的化学成分分析结果

元素	Zn	Fe	S	Pb	In	Ge	Cu
含量	48.79%	15.47%	33.49%	<0.005%	573.6g/t	—	<0.005%

表 2.2　载锗闪锌矿的化学成分分析结果

元素	Zn	Fe	S	Pb	In	Ge	Cu
含量	58.08%	5.83%	33.13%	<0.005%	—	120g/t	<0.005%

表 2.3　普通闪锌矿的化学成分分析结果

元素	Zn	Fe	S	Pb	In	Ge	Cu
含量	66.17%	0.51%	32.67%	<0.005%	—	—	<0.005%

由表 2.1～表 2.3 可知，蒙自载铟闪锌矿含锌 48.79%、含铁 15.47%、含硫 33.49%、含铟 573.6g/t；会泽载锗闪锌矿含锌 58.08%、含铁 5.83%、含硫 33.13%、含锗 120 g/t；普通闪锌矿含锌 66.17%、含铁 0.51%、含硫 32.67%，不含稀散金属铟和锗。

3 种矿物中铜、铅等杂质元素较少，除了稀散金属铟和锗含量差异，铁含量的差异也较大，也是导致 3 种矿物性质差异的主要原因之一，同时也是论文研究的重点之一。

2.1.2　显微图像分析

显微图像可以直观地观察载铟、载锗和普通闪锌矿的颜色、透明度、光泽及解理等。纯闪锌矿近乎无色，随着其他杂质元素含量（如 Fe 和 Cd）的增加，闪锌矿的颜色从白色、浅黄、黄褐变到黑色，透明度也由透明到半透明，甚至不透明。闪锌矿的条痕颜色较矿物颜色浅，呈浅黄或浅褐色[159-161]。

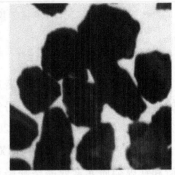

(a) 普通闪锌矿　　　　(b) 载锗闪锌矿　　　　(c) 载铟闪锌矿

图 2.1　载铟、载锗和普通闪锌矿的显微镜图片

由图 2.1 可知，此次试验挑选的普通闪锌矿以透明度较高的白色和浅黄色颗粒为主，载锗闪锌矿以半透明的暗红色颗粒为主，载铟闪锌矿以不透明的黑色颗粒为主，铁含量的差异可能是导致矿物颜色差异的主要原因。3 种矿物的颗粒均为不规则形状，而非完好闪锌矿晶形的四面体或菱形十二面体，主要是成矿过程中闪锌矿晶格中形成的锌或硫原子空位缺陷或

其他原子进入闪锌矿晶格后使得不同晶面上的键能失去平衡，因此，在矿物破碎的过程中常出现不同的、无规则的解理面[162]。

2.1.3 X射线衍射分析

XRD（X-ray diffraction），即X射线衍射。对物料进行X射线衍射，得到其衍射图谱，通过衍射峰数目、角度位置、相对强度次序以及衍射峰的形状等差异分析物料的成分、晶相结构、大小和排布取向等。

用玛瑙研钵将纯矿物研磨至粒径−5μm，然后用超声波和蒸馏水反复清洗5min，滴滤，真空低温烘干后得到待测样品。取一定量的待测样品进行压片制样，然后在日本Rigaku公司的D/Max 2200 X射线衍射分析仪上进行分析，得到测试样品的X射线衍射图谱。

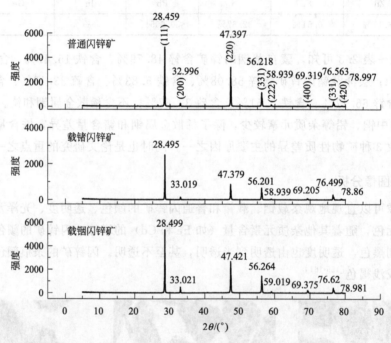

图2.2 载铟、载锗和普通闪锌矿晶体的X射线衍射图

图2.2为载铟、载锗和普通闪锌矿晶体的X射线衍射图，图中的数字为衍射吸收峰值的角度及对应的晶面。由图可知，在5°～90°的测量范围内出现了明显的闪锌矿衍射吸收峰，分别对应（111）、（200）、（220）、（331）等晶面。与NO.050566标准闪锌矿的X射线衍射卡片相比，3种矿物不同晶面对应的角度有小幅度偏移，相对衍射强度也有差异，说明铟、锗和铁等杂质元素或晶格缺陷等对闪锌矿的晶相结构略有影响。且衍射吸收峰强度高，半峰宽小，说明3种闪锌矿晶粒大，原子排列较为规整。

XRD图中几乎不存在其他杂质峰或独立相，说明所测的矿物杂质较少，综合多元素分析可以看出，单矿物的纯度均在95%以上。

2.1.4 润湿性分析

矿物的润湿性与它的可浮性之间有着重要的关系。在浮选过程中，矿粒与气泡发生碰撞接触后，是否能附着在气泡上而上浮，主要取决于矿物表面不同的润湿性，即疏水性和亲水性。

亲水性矿物表面和水分子间有较强的亲和力，水分子能较牢固地附着在矿物表面上，形成一层稳定的水化膜，由于这层水化膜的存在，矿粒难以附着于气泡上，使得矿物难浮或不可浮。相反，疏水性矿物表面与水分子的亲和力较弱，不能形成稳定的水化膜，当矿粒和气泡碰撞接触时，很容易排开这层水化膜而发生附着，使得疏水性的矿物易浮或可浮。

矿物润湿性的大小，一般用接触角的大小来表示。接触角的大小随着疏水程度的增大而增加，颗粒疏水性越高，越容易与气泡发生稳定吸附。接触角是反映矿物表面亲水性与疏水性强弱程度的一个物理量，成为衡量润湿程度的尺度。它既能反映矿物的表面性质，又可作为评定矿物可浮性的一种指标。T. V. Subrahmanyam 等应用毛细穿透的技术测定了闪锌矿颗粒的润湿性，发现不同颗粒大小的闪锌矿的接触角变化范围为 $75°\sim90°$，而人工制备的硫化锌（纯度为 99.9%）的接触角为 $46°\sim53°$，认为天然闪锌矿疏水性强且接触角较大是因为闪锌矿表面偶尔受到铜离子的活化或形成了富硫的表面[163]。王淀佐[164] 等用吊片法研究了闪锌矿的前进角和后退角，测得闪锌矿的接触角范围为 $47°\sim80°$。

先将高纯度的块状矿物切割、打磨、抛光成 $1cm\times1cm\times0.5cm$ 的薄片，再将薄片用超声波和蒸馏水反复清洗 3 次，之后放入相应药剂浓度溶液中反应 3min，取出并在真空条件下低温烘干得到合格的待测样品。将待测样品水平固定在接触角检测仪上，采用微泡注射器在样品表面滴一滴蒸馏水液滴，当液滴稳定之后进行接触角测定，每次重复测量三次，然后取平均值，得到载铟、载锗和普通闪锌矿的接触角。由图 2.3 可以看出，普通闪锌矿的接触角最大，为 $70.50°$，其次

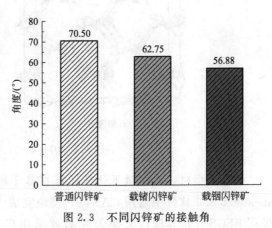

图 2.3　不同闪锌矿的接触角

是载锗闪锌矿（$62.75°$），而载铟闪锌矿的接触角最小，为 $56.88°$，说明 In、Ge、Fe 等元素取代 Zn 原子后会降低矿物表面的疏水性，不利于载体矿物的浮选。

2.2　铟、锗和铁取代对闪锌矿表面构型的影响

2.2.1　计算方法与模型

浮选过程通常发生在矿物的表面，而硫化矿物浮选行为与矿物的半导体性质密切相关。闪锌矿的化学成分是 ZnS，属等轴晶系的硫化物矿物，$a_0 = 0.540$ nm，$Z = 4$。闪锌矿又称立方硫化锌型结构（cubic β-ZnS structure），属立方晶系。Zn^{2+} 分布于晶胞的角顶及所有面的中心。S^{2-} 位于晶胞所分成的八个小立方体中的四个小立方体的中心。也可视为 S^{2-} 作立方最紧密堆积，Zn^{2+} 充填于半数四面体空隙中。从配位多面体角度看，

[ZnS$_4$] 四面彼此以 4 个角顶相连，四面排列方位一致，且平行此方向的面网密度最大。因此，闪锌矿的形态为四面体。在面网（110）上，不但面网密度大，而且既有 Zn^{2+} 又有 S^{2-}，且数目相等，因而面网内质点联系牢固，面网间引力较小，故发育的（110）面完全解理。因此，主要选取闪锌矿的（110）面作为计算研究对象[165]。重点讨论闪锌矿表面最外层 T 位（如图 2.4）的 Zn 原子被稀散金属元素铟、锗和铁取代后对闪锌矿表面电子结构和性质的影响。

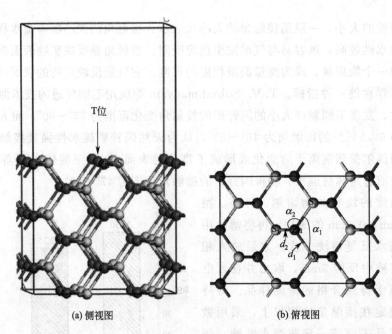

(a) 侧视图　　　　　　　　(b) 俯视图

图 2.4　闪锌矿（110）面的模型示意图

构建模型时，采用量子化学计算在基于密度泛函理论框架下的第一性原理的 materials-studio 6.0 软件中运用 CASTEP 模块完成[166]。在对模型进行几何优化和性质计算时，采用 BFGS 优化算法，交换关联函数采用广义梯度近似（GGA）下的 PBE 梯度修正函数[167]，用超软赝势[168]描述价电子和离子间的相互作用。平面波截断能设为 340eV，K 网格点为 2×3×1。自洽场运算采用了 Pulay 密度混合法，收敛精度设为 1.0×10^{-5} eV/atom。结构优化过程中参数优化设置如下：晶体内应力的收敛标准设为 0.05GPa，原子间相互作用力的收敛标准设为 0.03eV/Å，原子最大位移收敛标准设为 0.001Å。

首先优化理想闪锌矿的原晶胞，然后在优化后的原晶胞基础上切割出 1 个原子层为 6 层的（110）面，并在 Z 轴上构建厚度为 12Å 的真空层，其模型如图 2.4 所示，最后对构建好的（110）面进行几何优化，优化过程中固定基底 4 层，弛豫表面两层原子。构建含稀散金属元素的闪锌矿（110）面模型时，先将一个原子 X（In、Fe 或 Ge）替代（110）表面中的 T 位置的 Zn 原子再进行几何优化，其中，未被其他原子替换的闪锌矿定义为理想闪锌矿，In、Ge 和 Fe 替换 Zn 原子后分别定义为 In、Ge 和 Fe 取代的表面，闪锌矿（110）表面一个原子 X 替换一个原子 Zn 的替换能计算公式如下：

$$\Delta E_{sub} = E_{slab+X}^{tot} + E_{Zn} - E_{slab+Zn}^{tot} - E_X$$

其中，$E_{\text{slab}+\text{X}}^{\text{tot}}$ 和 $E_{\text{slab}+\text{Zn}}^{\text{tot}}$ 分别是载铟（或载锗）闪锌矿、铁闪锌矿和理想闪锌矿的表面总能量，E_{Zn}、E_{X} 分别为锌原子和铟（或锗）原子的能量，ΔE_{sub} 的值越负说明置换反应越容易进行。

2.2.2 几何优化与表面弛豫

几何优化是对晶胞的晶格进行充分的弛豫，是整个体系的能量处于最小时所得的结构，这时候是最稳定的状态，是后续计算的基础。表 2.4 列出了不同闪锌矿表层原子间的几何参数，表 2.5 列出了不同表面、原子的总能和形成能，图 2.5 为不同闪锌矿（110）面弛豫后的表面结构模型。

由图 2.5 所示，In、Ge 和 Fe 原子取代闪锌矿晶格中的 Zn 原子后，原子间的力和能量为了达到收敛平衡，矿物表层的原子明显发生了位移，称为弛豫现象。这种弛豫现象是由于闪锌矿晶格破碎或被其他原子取代后形成新生表面时，化学键的断裂和变化使原子受力失去平衡，此时矿物表面存在很高的表面能，结构不稳定，原子受力不对称，为了达到新的平衡状态，原子将会自发发生位移。

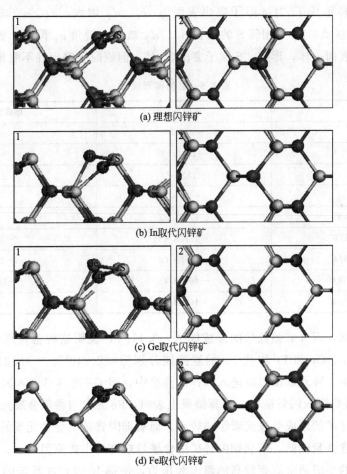

(a) 理想闪锌矿

(b) In取代闪锌矿

(c) Ge取代闪锌矿

(d) Fe取代闪锌矿

图 2.5 闪锌矿（110）面弛豫后的表面

1—侧视图；2—俯视图

表 2.4　闪锌矿 (110) 面的几何参数

矿物	键角		键长		键角差		键长差	
	$\alpha_1/(°)$	$\alpha_2/(°)$	$d_1/\text{Å}$	$d_2/\text{Å}$	$\Delta\alpha_1/(°)$	$\Delta\alpha_2/(°)$	Δd_1	Δd_2
理想闪锌矿	109.471	109.471	2.342	2.342	—	—	—	—
弛豫的闪锌矿	115.687	121.060	2.272	2.296	6.215	11.588	−0.07	−0.046
In 取代闪锌矿	105.928	111.514	2.424	2.446	−3.543	2.042	0.082	0.104
Ge 取代闪锌矿	98.487	101.671	2.438	2.481	−10.984	−7.800	0.096	0.139
Fe 取代闪锌矿	109.385	112.945	2.152	2.146	−0.086	3.474	−0.19	−0.196

理想闪锌矿表面第一层的 Zn 与相邻 2 个 S 原子间的键长 d_1、d_2 均为 2.342Å，键角 α_1、α_2 均为 109.471°，弛豫后 Zn 原子在垂直于表面的法向方向向下移动，键长 d_1、d_2 缩小，键角增大，形成 "S 原子突出表面"。刘健[169] 采用 XPS 分析发现弛豫后的闪锌矿表面的硫元素含量增多，认为其形成了 "富硫表面"；In 取代 Zn 后，In 原子在法向方向向上移动，In 与相邻 S 的键长 d_1、d_2 增大，键角 α_1 减小，角 α_2 增大，形成 "In 原子突出表面"；Ge 取代 Zn 后同样形成了 "Ge 原子突出表面"，d_1、d_2 增大，α_1、α_2 减小；Fe 取代 Zn 后，Fe 原子向上移动，Fe 与相邻 S 的键长 d_1、d_2 减小，键角 α_1 降低，键角 α_2 增大，与弛豫后的闪锌矿表面一样，形成 "S 原子突出表面"，但硫原子突出并不明显。

表 2.5　总能和形成能

物质	总能/eV	形成能/eV
Fe	−856.87	—
Zn	−1710.83	—
In	−1558.24	—
Ge	−84.49	—
理想闪锌矿	−47735.32	
弛豫的闪锌矿	−47738.43	−3.11
In 取代闪锌矿	−47588.08	−2.24
Ge 取代闪锌矿	−46130.43	−18.34
Fe 取代闪锌矿	−46888.97	−4.5

从表 2.5 可知，闪锌矿弛豫后的形成能为 −3.11eV，说明这种弛豫现象在常温常压下是自发进行的。In、Ge 和 Fe 取代 Zn 的置换能分别为 −2.24eV、−18.34eV 和 −4.5eV，说明在常温常压下 3 种元素都可以进入闪锌矿晶格中，但 Ge 更容易进入闪锌矿晶格中，其次是 Fe，而 In 最难进入闪锌矿中。计算结果也表明，Fe 元素与稀散金属元素 In 或 Ge 同时存在时，载锗闪锌矿的形成受铁元素影响较小，而载铟闪锌矿则受铁元素的影响较大，这也是载锗闪锌矿中含铁量较低，而载铟闪锌矿中含铁量较高的主要原因之一。但成矿过程是复杂多样的，矿物的形成通常需要较高的温度和压力，使得 In 也可在特定的条件下进入闪锌矿晶格中，形成载铟闪锌矿。如云南文山都龙铜锌锡铟复杂多金属矿中，闪锌矿精矿中含铟高达 700g/t 左右，蒙自铜铅锌银复杂多金属矿中闪锌矿精矿中含铟同样也有 300g/t 左右。

2.2.3　能带和态密度分析

在物理学中，形象地采用一条条水平横线表示晶体中电子所具有的能量，能量愈大，线的位置愈高，一定能量范围内彼此相隔很近的许多能级形成一条带，称为能带，每种晶体的能带数目及其宽度都不相同。

能带理论（energy band theory）是讨论晶体（包括金属、绝缘体和半导体的晶体）中电子的状态及其运动的一种重要的近似理论。它把晶体中每个电子的运动看成是独立的在一个等效势场中的运动，即单电子近似的理论；对于晶体中的价电子而言，等效势场包括原子的势场、其他价电子的平均势场和考虑电子波函数反对称而带来的交换作用，是一种晶体周期性的势场。态密度与能带结构密切相关，是一个重要的基本函数，可以作为能带结构的一个可视化结果。此外，态密度能隙还可以反映相邻两个原子成键的强弱。In、Ge、Fe 取代及理想闪锌矿（110）表面 Zn 原子的能带和态密度分别如图 2.6 和图 2.7 所示。

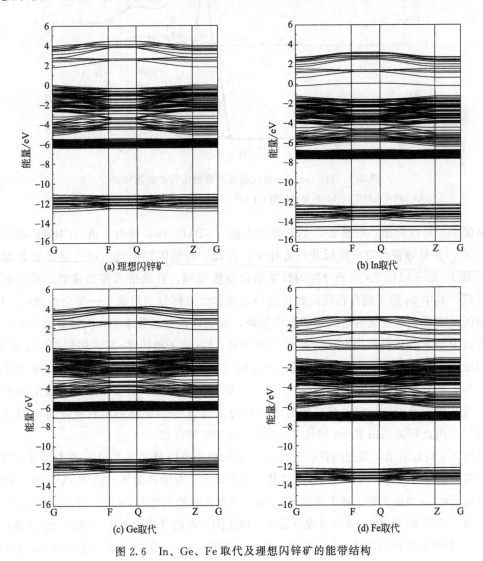

(a) 理想闪锌矿　　(b) In取代

(c) Ge取代　　(d) Fe取代

图 2.6　In、Ge、Fe 取代及理想闪锌矿的能带结构

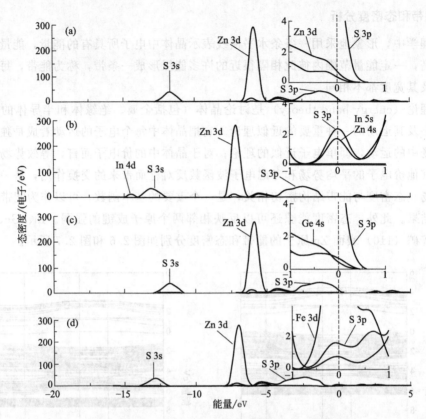

图 2.7 In、Ge、Fe 取代表面及理想闪锌矿的态密度

(a) 理想闪锌矿；(b) In 取代闪锌矿；(c) Ge 取代闪锌矿；(d) Fe 取代闪锌矿

　　从图 2.6 可以看出，理想 ZnS 的价带极大值（VBM）和导带极小值（CBM）都位于高对称 G 点，并且导带与费米能级并没有相交，因此，理想闪锌矿是一种直接带隙 P 型半导体。In 和 Fe 原子取代 Zn 原子导致闪锌矿禁带宽度变窄，且能带向深部移动，费密能级更靠近导带。其中 In 原子的存在使闪锌矿在导带底和价带都分别形成了一个杂质能级，Fe 原子使得闪锌矿在费米能级附近出现了杂质能级，说明体系电子数增加，闪锌矿表面半导体类型由直接 P 型半导体转变为直接带隙 N 型半导体。Ge 原子取代 Zn 后，闪锌矿的禁带宽度、费密能级等几乎不改变，说明 Ge 取代不改变闪锌矿的半导体类型，但闪锌矿在禁带中和价带 −7.0eV 处分别形成一个 Ge 杂质的能级。P 型半导体有利于如黄原酸类捕收剂等带负电的离子或基团的吸附，从而提高矿物的浮选行为；而 N 型半导体则不利于带负电的离子或基团吸附。由此可见，In 和 Fe 取代 Zn 不利于闪锌矿的浮选。

　　从图 2.7 可以看出，理想闪锌矿（110）表面的价带延伸至 −14.57eV，整个价带可以分为上、下两个部分，相对于价带，导带的变化则要平缓些。在价带深部 −11.73eV 出现的峰值主要由 S 原子的 3s 轨道贡献。在上价带 −5.94eV 出现的峰值主要由 Zn 原子的 3d 和 S 原子的 3p 轨道组成，其中 Zn 原子的 3d 轨道成分最多。理想闪锌矿的导带主要由 Zn 原子的 4s 轨道和 S 原子的 3p 轨道共同作用形成。In 取代 Zn 原子后在导带底形成的杂质能级主要由 Zn 原子的 4s 轨道、In 原子的 5s 轨道和 S 原子的 3p 轨道共同作用形成；在价带底形成的杂质能级主要由 In

原子的 4d 轨道作用形成；Ge 取代 Zn 原子后在导带底形成的杂质能级主要由 Zn 原子的 4s 轨道、Ge 原子的 4s 轨道和 S 原子的 3p 轨道共同作用形成；Fe 取代 Zn 原子后在导带底形成的杂质能级主要由 Fe 原子的 3d 轨道和 S 原子的 3p 轨道共同作用形成。

In 和 Fe 取代使得 S 原子 3s 轨道构成的峰向负偏移，从 $-11.73eV$ 分别移动到 $-13.34eV$ 和 $-13.18eV$。这主要是由于 In 和 Fe 原子的电负性分别为 1.78 和 1.85，比 Zn 原子的电负性 1.60 大，且稳定价态均为 +3 价，在置换锌的过程中会增强对硫原子电子的吸附，从而导致 S 原子的 3s 和 3p 电荷降低，能带向深部移动。价带中 Zn 原子的 3d 轨道从 $-5.94eV$ 分别移动到 $-7.4eV$ 和 $-7.26eV$，这主要是由于表面缺少 1 个 Zn 原子的 3d 轨道的贡献，从而导致偏移。尽管 Ge 原子的电负性比 Zn 原子大，但 +2 价的 Ge 原子与 Zn 原子同样稳定。态密度结果表明 Ge 原子在置换的过程中几乎不会影响 S 原子的 3s 轨道。

2.2.4　电荷密度分析

电荷密度是一种描述电荷分布密度的度量，可以分为线电荷密度、面电荷密度、体电荷密度。图 2.8 是 In、Ge、Fe 取代 Zn 原子及理想闪锌矿表面的电荷密度图。图中的白色部分表示电荷密度为 0，数字为键的 Mulliken 布居值，布居值的相对大小反映了成键强弱。在相同的参数条件下，若该值为较大的正值，表明两个原子间的电子云有重叠，为成键状态，呈现出较强的共价性；若该值为负，则表明电子云重叠较少，为反键状态，表现出离子性；该值若接近于零则表示两原子间没有明显的相互作用，为非键状态。

由图 2.8 可以看出，In、Ge、Fe 以及 Zn 原子与 S 原子之间的电子云都有重叠，表明这些金属原子和 S 原子之间是以共价键形式存在。布居值表明，In、Ge 和 Fe 取代 Zn 原子后，布居值变小，说明共价键变弱，其中 Ge 和 S 原子间的共价键最弱。Zn、Fe 和 In 原子与第二层硫原子 S_2 的共价键明显低于与表层硫原子 S_1，说明 Zn、Fe 和 In 原子与表层硫原子 S_1 的共价性更强，成键更稳固，但 Ge 原子与相邻的 2 个 S 原子间的共价键强度相差不大。这主要是由于第二层的 S 原子多了 1 个 Zn 原子的贡献，且 Zn、In、Fe 和 Ge 原子之间存在电负性差异，从而导致共价键的差异。

2.2.5　Mulliken 电荷分析

Mulliken 布居是一种表示电荷在各组成原子之间分布情况的方法，可以了解体系的电荷分布、转移和化学键等性质[170,171]。由于 Mulliken 布居理论自身存在缺陷，因此它的绝对值没有太大的物理意义，但它的相对值却能反映出一些相对有用的信息[172]。蓝丽红[173]等以方铅矿为研究对象发现 O 对作用原子的电荷影响较大，离作用点越远的原子电荷影响越小。杂质元素取代闪锌矿晶格中的锌原子对相邻锌原子的影响不大，但是对与其成键的硫原子影响较大。因此，只讨论相邻的成键原子间的 Mulliken 布居。

表 2.6 是 In、Ge、Fe、Zn 及与之成键的相邻硫原子的 Mulliken 布局。从表中可以看出，理想闪锌矿表面的 Zn 原子、表层硫原子 S_1 和第二层硫原子 S_2 的电荷分别为 0.35e、$-0.5e$ 和 $-0.49e$。In 取代 Zn 原子后，S_1 的荷电量下降到 -0.54 e，而 S_2 的荷电量保持不变，S_1 得到了电子，说明 In 与表层硫原子间的交互作用更强；Ge 取代 Zn 原子后，S_1、S_2 的荷电量分别上升到 $-0.49e$ 和 $-0.44e$，S_1 失去了少量电子，S_2 失去了大量电子，说明 Ge

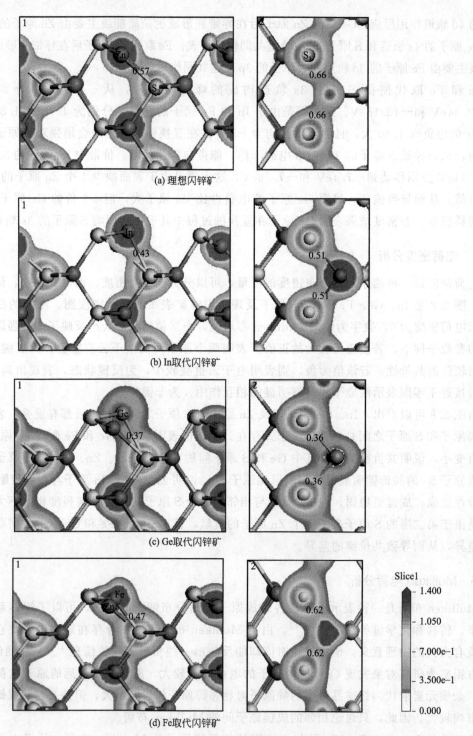

(a) 理想闪锌矿

(b) In取代闪锌矿

(c) Ge取代闪锌矿

(d) Fe取代闪锌矿

图2.8　In、Ge、Fe取代及理想闪锌矿表面的电荷密度

1—侧视图；2—俯视图

与第二层硫原子间的相互作用更强；Fe取代Zn原子后，S_1、S_2的荷电量分别上升到$-0.42e$和$-0.38e$，S_1、S_2都失去了大量电子，说明Fe与表层和第二层硫原子间的交互作用都很强，但二者相比较，Fe与第二层硫原子间的相互作用更强。

表 2.6　In、Ge、Fe、Zn 及相邻硫原子的 Mulliken 布局

矿物	原子	原子轨道布局			总计	电荷/e
		s	p	d		
理想闪锌矿	S_1	1.86	4.65	0.00	6.5	−0.50
	S_2	1.82	4.67	0.00	6.49	−0.49
	Zn	0.92	0.76	9.98	11.65	0.35
In 取代闪锌矿	S_1	1.86	4.69	0.00	6.54	−0.54
	S_2	1.83	4.66	0.00	6.49	−0.49
	In	1.44	1.12	9.99	12.56	0.44
Ge 取代闪锌矿	S_1	1.86	4.64	0.00	6.49	−0.49
	S_2	1.83	4.62	0.00	6.44	−0.44
	Ge	1.92	1.72	0.00	3.64	0.36
Fe 取代闪锌矿	S_1	1.85	4.57	0.00	6.42	−0.42
	S_2	1.82	4.57	0.00	6.38	−0.38
	Fe	0.45	0.31	6.95	7.71	0.29

原子轨道布局表明，In 取代 Zn 原子后，相邻的硫原子 S_1 的 3p 轨道得到了电子；Ge 取代 Zn 原子后，相邻的硫原子 S_2 的 3p 轨道失去了电子；Fe 取代 Zn 原子后，相邻的硫原子 S_1、S_2 的 3p 轨道失去了电子；说明 S 原子的 3p 轨道是主要参与作用的轨道。

第一过渡系元素杂质取代对闪锌矿电子结构的影响：随着原子序数的增大，由于电负性变强，所带的电荷也越来越小，杂质元素的 4s 轨道失去的电子越来越少，3p 轨道电子的贡献越来越大，3d 轨道得到的电子越来越少。研究结果与我们的计算结果相一致。

2.3　铟、锗和铁取代对 H_2O 在闪锌矿表面吸附的影响

2.3.1　计算方法与模型

接触角测量结果表明载铟、载锗和普通闪锌矿对水的润湿性存在明显差异，而 In、Ge 和 Fe 进入闪锌矿晶格中是导致 3 种闪锌矿差异的主要原因，但 In、Ge 和 Fe 取代对 H_2O 吸附的影响尚不清楚。因此，本节通过 materials-studio 6.0 软件模拟计算 H_2O 在闪锌矿表面的吸附过程，从原子角度揭示 In、Ge 和 Fe 取代导致闪锌矿表面润湿性差异的主要原因。其中，未被其他原子替换的闪锌矿定义为理想闪锌矿，In、Ge 和 Fe 替换 Zn 原子后分别定义为 In、Ge 和 Fe 取代的表面。

构建模型时，首先采用 CASTEP 模块构建 H_2O 的结构，再将 H_2O 分子放入一个 15Å×15Å×15Å 的真空晶胞盒子中，采用 BFGS 优化算法优化其结构。

将优化后的 H_2O 放入优化好的闪锌矿晶胞表面，模拟其相互作用过程。计算时，忽略体系的自旋极化，自洽过程中体系能量达到平衡后视为收敛。H_2O 与矿物表面的作用能（ΔE_{ads}）计算公式如下：

$$\Delta E_{ads} = E_{X+slab}^{tot} - E_{slab}^{tot} - E_X$$

其中，E_{X+slab}^{tot} 和 E_{slab}^{tot} 分别是 H_2O 分子与锌矿物的表面作用前后的总能量；E_X 为 H_2O 的能量；ΔE_{ads} 为 H_2O 在锌矿物表面的吸附能，ΔE_{ads} 的值越负说明吸附越容易进行。

2.3.2 H_2O 分子的吸附构型及吸附能

图 2.9 为 H_2O 分子在不同闪锌矿表面的吸附构型，图中标出的数字为相应两原子之间的键长。表 2.7 为 H_2O 分子在闪锌矿表面吸附前后键角和键长的变化。由图 2.9 可以看出 H_2O 分子主要通过 O 原子与矿物表面的金属原子作用而吸附在矿物表面，由于原子间存在电负性差异，因此 O 与不同金属原子间的作用键长不同。其中，O—Fe 和 O—Ge 键长分别为最短和最长的作用键长。表 2.7 表明吸附前的 H_2O 分子的键角和键长分别 104.22° 和 0.977Å，计算结果与试验值 104.5° 和 0.958 Å[174,175] 接近，说明计算数值和方法可靠。吸附后，H_2O 分子在不同类型的闪锌矿表面的键角和键长都发生了微量改变，说明 H_2O 分子与矿物表面的金属原子作用的过程中，由于电荷的转移其自身的空间结构也会自发地进行调整，但 In、Ge 和 Fe 取代并没有引起 H_2O 分子的解离。

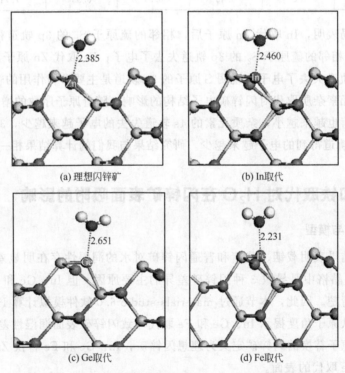

(a) 理想闪锌矿   (b) In取代

(c) Ge取代   (d) Fe取代

图 2.9　H_2O 分子在闪锌矿表面（110）面的平衡吸附构型

表 2.7　H_2O 分子吸附前后键角和键长变化

硫化矿	吸附前		吸附后		
	H—O—H 键角/(°)	O—H 键长/Å	H_1—O—H_2 键角/(°)	H_1—O 键长/Å	O—H_2 键长/Å
理想闪锌矿	104.422	0.977	105.359	0.981	0.980
In 取代闪锌矿	104.422	0.977	108.180	0.978	0.965

硫化矿	吸附前		吸附后		
	H—O—H 键角/(°)	O—H 键长/Å	H₁—O—H₂ 键角/(°)	H₁—O 键长/Å	O—H₂ 键长/Å
Ge 取代闪锌矿	104.422	0.977	108.389	0.960	0.992
Fe 取代闪锌矿	104.422	0.977	106.961	0.989	0.971

表 2.8　H_2O 吸附前后的总能及吸附能　　　　　单位：eV

物质	总能		吸附能(E_{ads})
	吸附前	吸附后	
H_2O	−468.72	—	—
理想闪锌矿	−47738.43	−47777.65	−1.94
In 取代闪锌矿	−47588.60	−47626.62	−1.01
Ge 取代闪锌矿	−46135.20	−46135.20	−1.29
Fe 取代闪锌矿	−46890.87	−47361.57	−1.98

表 2.8 列出了 H_2O 分子及其吸附前后不同取代类型闪锌矿表面总能和平衡吸附能。由表可知，不同闪锌矿对 H_2O 分子的平衡吸附能大小顺序为 Fe 取代（−1.98eV）＜理想闪锌矿（−1.94eV）＜Ge 取代（−1.29eV）＜In 取代（−1.01eV），说明闪锌矿中的 Fe 更有利于矿物对水的吸附，能增强矿物表面的亲水性，而 In 和 Ge 取代不利于水的吸附，可以增强矿物表面的疏水性。而实际的载铟和载锗闪锌矿中同时具有 In 或 Ge 和 Fe，而且 Fe 的含量高于 In 和 Ge 的含量，因此，Fe 在疏水过程中起主导作用，总体上增强了载铟和载锗闪锌矿的亲水性程度，计算结果与接触角结果相一致。

电荷密度图可以清楚地分析 O 原子与表面 Zn、In、Ge 和 Fe 原子之间的成键情况。如图 2.10 所示，白色表示电荷密度为零，图中的数字为键的 Mulliken 布居值，布居值越大表明键的共价性越强，越小说明离子间的作用力越强。由图 2.10（a）和（d）可以看出，在理想闪锌矿和 Fe 取代表面，水分子中的 O 原子与矿物表面的 Zn 或 Fe 原子之间的电子云重叠较大，且布居值都为正，表明它们之间的共价性较强，其中 Fe—O 键的布居值更大，共价性最强。而从图 2.10（b）与（c）可知，In 和 Ge 取代表面上的 O 原子与 In 和 Ge 原子的电子云几乎没有重叠，键的布居值接近于零或为负，说明它们之间的键趋向于离子键。因此，水在 In 和 Ge 原子上的吸附是不稳定的，比较容易脱落。

2.3.3　H_2O 吸附前后表面作用原子的态密度分析

态密度可以分析 H_2O 与闪锌矿表面原子作用的强弱以及作用原子的态电子贡献情况。图 2.11 为 H_2O 分子在 4 种闪锌矿表面吸附前后的 Zn、In、Ge、Fe 和 O 原子的态密度。

由图 2.11 可以看出：

① H_2O 分子在 4 种闪锌矿表面吸附前，O 原子在费米能级（E_F）附近的态密度均由 2p 轨道贡献，Zn 原子由 3d 和 3p 轨道贡献，In 原子由 5s 和 5p 轨道贡献，Ge 原子由 4s 和 4p 轨道贡献，Fe 原子由 4s、3p 和 3d 轨道贡献。

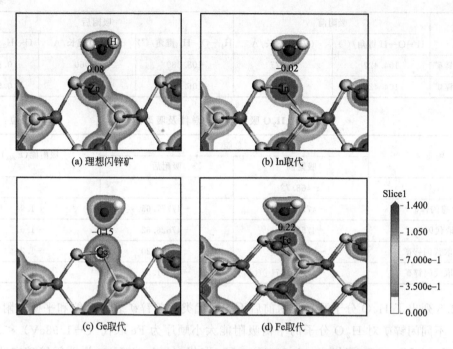

(a) 理想闪锌矿　　　　　　　　　　(b) In取代

(c) Ge取代　　　　　　　　　　(d) Fe取代

图 2.10　H_2O 分子吸附在闪锌矿表面的电荷密度图

② H_2O 分子在 4 种闪锌矿表面吸附后，O 原子的态密度整体向低能方向移动，且吸附后 O 原子在费米能级处的态密度接近于零，因此吸附后的 O 原子的电子非局域性增强，变得很稳定。

③ H_2O 分子在理想闪锌矿表面吸附后［图(a)］，O 原子的 2p 轨道在 $-6.5 \sim 0eV$ 之间的态密度峰变为连续分布的宽大而平缓态密度峰，且态密度降低；Zn 原子的态密度整体移动不明显，其 4s 轨道态密度在 $-3.8eV$ 处减弱，但在 4eV 处得到增强，并与 O 的 2p 轨道在 $-5eV$ 形成杂化，出现了微弱的态密度峰。

④ H_2O 分子在 In 取代的闪锌矿表面吸附后［图(b)］，O 原子的 2p 轨道在 $-8.5 \sim -2.5eV$ 之间的态密度峰变宽大且态密度降低，并与 In 原子的 5s 轨道在 $-6.3eV$ 处出现了杂化；In 原子的态密度整体向低能方向移动，其 5s 轨道的态密度在费米能级和 $-2eV$ 处增强，而此时，5p 轨道的态密度减弱。

⑤ H_2O 分子在 Ge 取代的闪锌矿表面吸附后［图(c)］，O 原子 2p 轨道的态密度峰变化不大，与 Ge 原子的 4s 和 4p 轨道分别在 $-7.5eV$ 和 $-4.9eV$ 处出现了微弱的杂化；Ge 原子的态密度整体向低能方向移动，其 4s 轨道的态密度在费米能级和 3.8eV 处分别降低和增强。

⑥ H_2O 分子在 Fe 取代的闪锌矿表面吸附后［图(d)］，O 原子的态密度峰变化不大，但在费米能级处出现了微弱的新态密度峰，说明在费米能级处出现了微弱杂化；Fe 原子的态密度整体向低能方向移动，其 4s 轨道的态密度在费米能级和 2.5eV 处降低，并在 $-22.5eV$ 处出现了新的 4s 轨道态密度峰。

由此可见，O 原子与 4 种金属原子之间并不是在轨道的最强峰位置发生杂化，且杂化作用都不强，因此 H_2O 分子在 4 种闪锌矿表面的吸附都比较弱。此外，H_2O 分子的吸附还引起了 Fe、In、Ge 等原子的 s 和 p 轨道电子的自我转移，降低了其在费米能级处的态密度电子局域性。

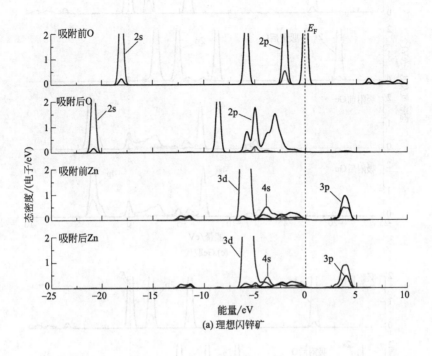

(a) 理想闪锌矿

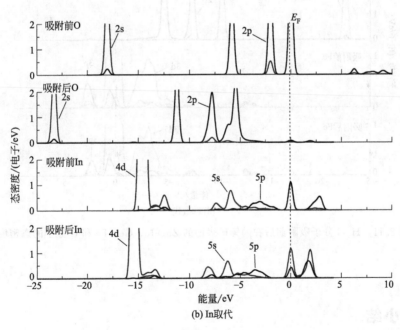

(b) In 取代

图 2.11

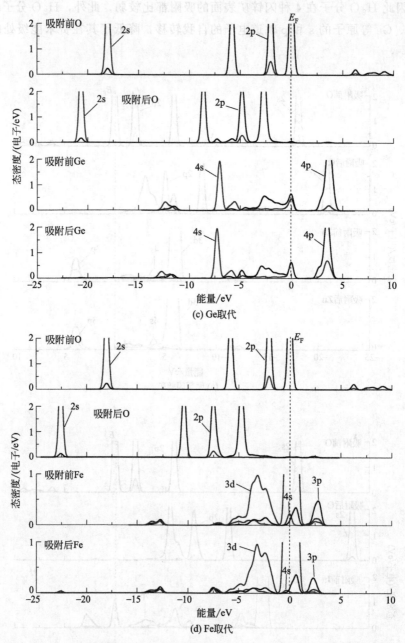

图 2.11　H_2O 分子吸附前后在闪锌矿表面的 Zn、In、Ge、Fe 和 O 原子的态密度

2.4　本章小结

　　本章采用量子化学计算、XRD 和光学显微镜等手段，对载铟、载锗闪锌矿以及不含稀散金属的普通闪锌矿的电子结构、表面形貌、元素分布和润湿性等基本物理化学性质进行了分析，从本质上揭示了 3 种闪锌矿间的差异性，主要结论如下：

①　普通闪锌矿以透明度较高的白色和浅黄色颗粒为主，且接触角最大，含锌 66.17%，含铁 0.51%，含硫 32.67%；载锗闪锌矿以半透明的暗红色颗粒为主，含锌 58.08%，含铁 5.83%，含硫 33.13%，含锗 120g/t；载铟闪锌矿以不透明的黑色颗粒为主，且接触角最小，含锌 48.79%，含铁 15.47%，含硫 33.49%，含铟 573.6g/t；3 种矿物纯度都在 95% 以上，几乎不含铜、铅等杂质元素。

②　In、Ge 和 Fe 取代闪锌矿表面的 Zn 原子的替换能分别为 $-2.24eV$、$-18.34eV$ 和 $-4.5eV$，说明在常温常压下 3 种元素都能自发进入闪锌矿晶格中，而 Ge 则最容易进入闪锌矿晶格中，其次是 Fe，In 最难进入闪锌矿晶格中。Fe 元素的存在对载铟闪锌矿的形成不利，但对载锗闪锌矿的形成影响较小。弛豫后 3 种矿物分别形成 "In 原子突出表面"、"Ge 原子突出表面" 和 "S 原子突出表面"。

③　理想闪锌矿是一种直接带隙 P 型半导体，而 In 和 Fe 取代 Zn 原子后使闪锌矿的半导体类型由直接 P 型半导体转变为直接带隙 N 型半导体，Ge 取代不改变闪锌矿的半导体类型。

④　In、Ge 和 Fe 取代 Zn 原子后，与 S 原子间的布居值变小，共价键变弱。其中，In 与表层 S 原子间的作用更强，Ge 则与第二层 S 原子间的作用更强，Fe 与表层和第二层 S 原子间的作用都很强。S 原子的 3p 轨道是与 In、Ge 和 Fe 原子作用的主要轨道。

⑤　H_2O 分子在不同闪锌矿表面的吸附能大小为：Fe 取代（$-1.98eV$）<理想闪锌矿（$-1.94eV$）<Ge 取代（$-1.29eV$）<In 取代（$-1.01eV$），说明在常温常压下 H_2O 分子可以自发吸附在 4 种闪锌矿表面，其中 H_2O 分子最容易吸附在 Fe 取代闪锌矿表面，其次是理想闪锌矿，最难吸附在 In 取代表面。H_2O 分子中的 O 原子与闪锌矿表面的 Zn 和 Fe 原子间共价性较强，与 In 和 Ge 原子间的键趋向于离子键。In、Ge 和 Fe 取代并没有引起 H_2O 分子的解离吸附，但引起了 H_2O 分子键角和键长的微量改变。

⑥　H_2O 分子吸附前 O 原子在费米能级（E_F）附近的态密度均由 2p 轨道贡献，Zn 原子由 3d 和 3p 轨道贡献，In 原子由 5s 和 5p 轨道贡献，Ge 原子由 4s 和 4p 轨道贡献，Fe 原子由 4s、3p 和 3d 轨道贡献。O 原子与 4 种金属原子之间并不是在轨道的最强峰位置发生杂化，且杂化作用都不强，因此 H_2O 分子在 4 种闪锌矿表面的吸附都比较弱。此外，H_2O 分子的吸附还引起了 Fe、In、Ge 等原子的 s 和 p 轨道电子的自我转移，降低了其在费米能级处的态密度电子局域性。

第 3 章
铟和锗载体闪锌矿的浮选行为

浮选是从矿石中回收有用矿物最重要的技术手段之一，可以选择性地使疏水固体颗粒（有用矿物）附着于气泡一起上浮，而亲水颗粒（无用矿物）仍然滞留在溶液中（通常为水），而达到分离矿物的目的[176]。

闪锌矿是典型的金属硫化矿之一，通常使用浮选来回收。闪锌矿表面的疏水性较弱[177]，因此，通常需要使用捕收剂如黄原酸盐等来增强其表面疏水性。由于黄原酸锌的不稳定性，闪锌矿需要通过"活化"来增强其表面和捕收剂分子之间的吸附作用[178]。载铟和载锗闪锌矿是特殊的闪锌矿，必然导致其有别于普通闪锌矿的特殊浮选行为。因此，本章主要通过单矿物浮选试验，考察不同药剂体系、pH 值、活化时间等对载铟和载锗闪锌矿浮选的影响，从宏观角度揭示载铟、载锗与普通闪锌矿的浮选行为差异。

先将 1g 纯矿物样品与 30mL 的蒸馏水在 50mL 烧杯中配成矿浆溶液，然后使用超声波清洗 5min 去除矿物表面的氧化膜等，静置矿浆 0.5min，然后倒去上层的浑浊液体，再反复用蒸馏水清洗矿物直到矿浆变澄清得到清洗好的纯矿物。

将清洗好的纯矿物转移到 45mL 的单泡管内，加入适量蒸馏水，打开氮气瓶充入氮气，控制充气量为 35mL/min，然后按图 3.1 所示的浮选流程调浆和加药进行浮选试验。

将上浮产品和未上浮的产品过滤后烘干、称重，按式(3.1)计算上浮率。

$$上浮率 = \frac{上浮产品质量}{上浮产品质量 + 未上浮的产品质量} \times 100\% \tag{3.1}$$

试验的主要药剂见表 3.1。

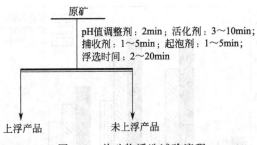

图 3.1　单矿物浮选试验流程

纯矿物试验中所使用的捕收剂为丁黄药、丁铵黑药和乙硫氮，pH 值调整剂为盐酸、氢氧化钠和石灰，活化剂为硫酸铜和 X-43，起泡剂为松醇油，抑制剂为硫酸锌，试验用水为一次性蒸馏水。

表 3.1　主要的浮选试剂

药剂种类	名称	分子式	纯度	厂家
pH 值调整剂	盐酸	HCl	分析纯	山东新龙电化集团
	氢氧化钠	NaOH	分析纯	长沙明瑞化工有限公司
	石灰	CaO	工业试剂	地方
起泡剂	松醇油	$C_{10}H_{18}O$	工业试剂	昆明铁峰药剂厂
捕收剂	丁黄药	$(CH_3)_2CHCH_2OCSSNa$	分析纯	天津药剂厂
	乙硫氮	$(C_2H_5)_2NCSSNa_3 \cdot H_2O$	工业试剂	湖南株洲华宏化工厂
	丁铵黑药	$(C_4H_9O)_2PSSNH_4$	工业试剂	淄博华创化工有限公司
活化剂	硫酸铜	$CuSO_4 \cdot 5H_2O$	分析纯	天津市化学试剂三厂
	X-43	—	工业试剂	云南缘矿科技开发有限公司
抑制剂	硫酸锌	$ZnSO_4 \cdot 7H_2O$	工业试剂	昆明市宜良硫酸盐厂

3.1　天然可浮性

矿粒向气泡附着是矿物浮选过程的基本行为，其吸附牢固程度直接影响矿物的回收效率和选择性。其中，粒度也是决定矿物附着程度的重要因素之一。图 3.2 是不同粒级的闪锌矿在 pH=7 时的天然可浮性试验结果，整个过程在单泡管中进行，不加任何浮选药剂，浮选时间为 10min。

由图 3.2 可知：

① 3 种闪锌矿的天然可浮性都比较差，最高的回收率也不足 5%；

② 同等粒度下，普通闪锌矿的天然可浮性最好，其次是载锗闪锌矿，而载铟闪锌矿可浮性最差；

③ 3 种闪锌矿的浮选回收率随着粒度的降低呈先增后降的趋势，粒度过粗（+96μm）或过细（-37μm）都不利于矿物的上浮，粒度越细 3 种矿物的可浮性越接近（如在 -37μm 粒级处 3 者的可浮性几乎相同）；

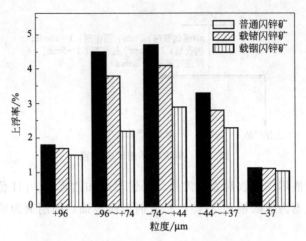

图 3.2 不同粒级的闪锌矿天然可浮性试验结果

④ 普通闪锌矿和载锗闪锌矿的粒度在−96～＋44μm 的可浮性相对较好，而载铟闪锌矿的粒度在−74～＋44μm 的可浮性相对较好，但为了综合比较，后续的试验均选取−96～＋44μm 粒级物料进行纯矿物试验。

铟、锗及铁等原子取代锌进入闪锌矿晶格后导致矿物表面的物性、电子结构以及疏水性等的改变是其天然可浮性差异的主要原因之一。其次，粒度也是造成矿物天然可浮性差异的原因之一。粒度太粗，即使矿物已单体解离，也会因其超过气泡的浮载能力而浮不起来。粒度过细，质量太轻，无法克服其与气泡之间存在的能垒，而与气泡碰撞或者黏附，也就无法随气泡上升而上浮[179]。

3.2 捕收剂浮选

3.2.1 无活化剂浮选

3.2.1.1 捕收剂用量

捕收剂可以增强矿物表面的疏水性，其作用与药剂的组成和结构特点等有关。丁黄药、丁铵黑药、乙硫氮是闪锌矿浮选过程中最常用的捕收剂，其最佳用量对浮选有重要的影响。图 3.3 为无活化剂存在、pH＝7 时，不同的捕收剂用量对 3 种矿物浮选的影响。

由图 3.3 可以看出：

① 随着捕收剂用量的增加，纯矿物的上浮率增大，到一定值时，上浮率趋于平缓。

② 捕收剂用量为 20mg/L 时，载铟闪锌矿上浮率最先接近最大值；用量为 25mg/L 时，普通闪锌矿和载锗闪锌矿的上浮率都接近最大值。

③ 捕收剂较低用量时（＜15mg/L），普通闪锌矿的上浮率最高，载锗闪锌矿次之，载铟闪锌矿最差，随着捕收剂用量的继续增加（＞15mg/L），上浮率差异发生逆转，载铟闪锌矿最好，普通闪锌矿最差。

④ 不同捕收剂体系下，捕收性能的强弱也是影响闪锌矿上浮率的主要因素，3 种矿物在丁黄药和乙硫氮体系下的最佳上浮率分别最高和最低。

In、Ge、Fe 等取代 Zn 原子后，造成了其表面性质的差异，进而导致其对捕收剂吸附的强弱不同，使得 3 种闪锌矿出现了不同的浮选行为。捕收剂浓度较低时，在矿物表面吸附较少，此时天然可浮性占主导作用，药剂浓度增加则捕收剂的作用占主导作用。

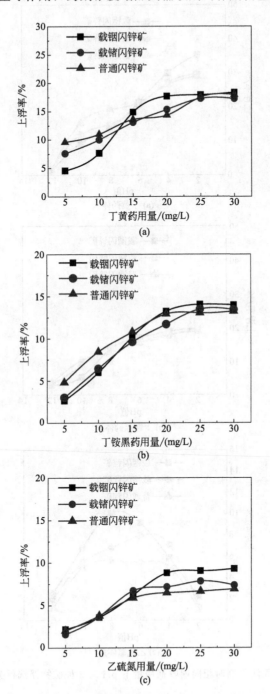

图 3.3　捕收剂用量对矿物浮选行为的影响

3.2.1.2　pH 值对无活化剂浮选的影响

浮选过程中，pH 值对矿物表面的亲水性、电性以及药剂的效能有重要影响，是影响无活化剂浮选的重要因素之一。试验采用石灰和 HCl 调节 pH 值，无活化剂时，不同捕收剂种类条件下（用量均为 20mg/L），pH 值对 3 种矿物浮选的影响见图 3.4。

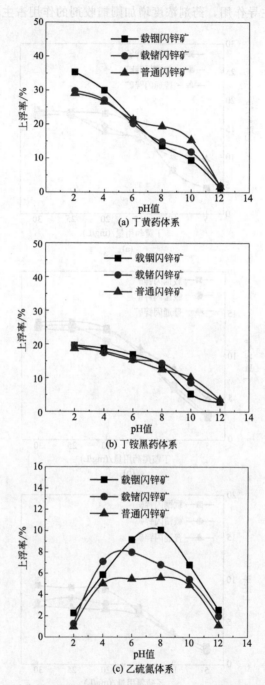

图 3.4　无活化剂时相同捕收剂用量下 pH 对 3 种矿物浮选行为的影响

由图 3.4 可以看出：

① 丁黄药体系中，在酸性条件下，3 种矿物的上浮率最高；随着 pH 值的升高，上浮率下降；pH＜6 时，载铟闪锌矿可浮性最好，载锗闪锌矿略好于普通闪锌矿；pH＞6 时，普

通闪锌矿可浮性最好，载铟和载锗闪锌矿受到强烈的抑制，其中载铟闪锌矿被抑制的程度更强；pH>12 后 3 种矿物几乎不可浮。熊道陵[123] 等以广西大厂载铟铁闪锌矿为研究对象也得到了相似的规律，并认为在丁黄药体系下，酸性条件下载铟铁闪锌矿具有良好的可浮性，在碱性条件下可浮性显著降低。丁黄药通过化学吸附方式吸附在铁闪锌矿表面，可能产生双黄药 X_2 和黄原酸锌 ZnX_2，但 ZnX_2 稳定存在的区域不大；在高碱条件下，铁闪锌矿自身的氧化严重阻碍了丁黄药在其表面的吸附和疏水性物质的形成。

② 丁铵黑药体系中，在酸性条件下，3 种矿物的上浮率同样最高，碱性条件的上浮率最低；3 种闪锌矿的上浮率随 pH 值的变化规律一致，当 pH 值<10 时，上浮率下降较缓慢，pH>10 时，被抑制的程度增强，上浮率急速下降。张芹[121] 等研究表明，丁铵黑药体系下，铁闪锌矿只有在酸性条件下才有较好的可浮性，当 pH>5 以后，上浮率急剧下降，与本试验结果基本一致。

③ 乙硫氮为捕收剂时，3 种矿物的浮选规律差异较大，在中性范围内，3 种矿物的上浮率最高，强酸强碱条件的上浮率都很低。同等条件下载铟闪锌矿的上浮率最高，载锗闪锌矿次之，普通闪锌矿最差。余润兰[122] 等研究发现乙硫氮体系下，在酸性条件下，当电位为 0~200mV 时，乙硫氮在铁闪锌矿表面发生电化学吸附形成双乙硫氮（D_2）；当电位为 410mV 时，乙硫氮与矿物表面发生电化学反应形成 ZnD_2 和疏水性单质 S^0；电位大于 600mV 时，矿物主要发生自腐蚀反应。在中性和碱性条件下，铁闪锌矿表面的电极过程主要由自腐蚀阳极溶解控制。随着 pH 值的增大，表面产物的中间态分别为 Fe（OH）D_2、Fe（OH）$_2$D 和 Zn（OH）D，并随电位增大进一步氧化成 Zn（OH）$_2$、Fe（OH）$_3$ 和 D_2，矿物表面亲水性增强，而可浮性下降。

前人研究表明，酸性条件下，硫化矿表面生成的疏水聚硫化物以及单质硫可提高矿物的可浮性；而碱性条件下，表面会生成亲水的氢氧化锌、氢氧化铁以及亚硫酸盐和硫酸盐等，会降低矿物的可浮性[180]，与本试验中以丁黄药和丁铵黑药为捕收剂的浮选结果相一致。同时可以看出，载铟闪锌矿在酸性条件可浮性更好，说明 In 和 Fe 取代更有利于疏水聚硫化物以及单质硫的生成或者捕收剂的吸附。

乙硫氮为捕收剂时，试验结果与其他 2 种捕收剂出现了明显的差异性。乙硫氮的主要成分是 N,N-二乙基二硫代氨基甲酸钠，遇酸时易分解为二硫化碳和二乙胺等，降低了捕收剂的浓度。同时，二硫化碳和二乙胺可能会与矿物竞争吸附溶液中的氢离子，降低了矿物表面的疏水产物的生成量；在碱性条件下，矿物表面也会生成亲水的氢氧化锌、氢氧化铁以及亚硫酸盐和硫酸盐等，阻碍了捕收剂的吸附，同时乙硫氮本身捕收性能较弱也是矿物上浮率较低的原因。

3.2.2 活化浮选

3.2.2.1 硫酸铜用量

由上面的试验可以看出，无活化剂时，3 种闪锌矿的最大上浮率都很低，因此，考虑添加活化剂来提高上浮率。闪锌矿可以被 Cu^{2+}、Fe^{2+}、Pb^{2+} 等离子活化，其中只有 Cu^{2+} 被广泛使用，最常用的活化剂是硫酸铜[181,182]。因此，本节考察了以丁黄药为捕收剂时（用量为 20mg/L），不同用量的硫酸铜对 3 种闪锌矿浮选的影响，试验结果见图 3.5，由此可以

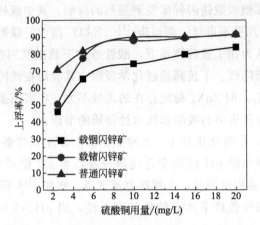

图 3.5　硫酸铜用量对 3 种矿物浮选行为的影响

看出：

① 3 种闪锌矿的上浮率呈相同的趋势，随硫酸铜用量的增加而增大，可见硫酸铜可有效提高闪锌矿的上浮率；

② 较低硫酸铜用量条件下，普通闪锌矿的上浮率最高，其次是载锗闪锌矿，载铟闪锌矿的上浮率最低；

③ 普通闪锌矿和载锗闪锌矿仅需要较低的硫酸铜用量（15mg/L）就可达到最佳上浮率，而载铟闪锌矿的浮选则需要更高用量的硫酸铜。

由此可见，In、Ge 和 Fe 等杂质元素的取代是不同闪锌矿活化浮选差异的主要原因。前人[183,184] 研究表明，闪锌矿表面铁含量的增加会减少其表面铜的吸附量，进而降低黄药的吸附量，从而降低矿物的可浮性。但闪锌矿晶格中 In 和 Ge 对铜活化的研究较少，需要进一步深入研究。

3.2.2.2　pH 值对活化浮选的影响

不同的捕收剂与硫酸铜的协同作用随 pH、矿物类型的不同而存在差异。图 3.6 显示了相同的捕收剂（20mg/L）和硫酸铜（15mg/L）用量条件下，pH 值对 3 种闪锌矿浮选的影响。

由图 3.6 可以看出：

① 丁黄药体系中，活化后的 3 种矿物在酸性条件下上浮率最高，随着 pH 值的增高上浮率下降；在实验整个 pH 值范围内，普通闪锌矿的上浮最高，其次是载锗闪锌矿，载铟闪锌矿的上浮率最低；高碱条件下，载锗闪锌矿的上浮率由最高的 98.56%（pH=2）略下降至 95.07%（pH=12），载铟闪锌矿由 94.13%（pH=2）大幅度降至 37.2%（pH=12），而普通闪锌矿的上浮率几乎保持不变。

② 丁铵黑药体系中，3 种矿物同样在酸性条件下上浮率最高，碱性条件下上浮率最低；与丁黄药体系不同的是，碱性条件下，普通闪锌矿的上浮率出现了下降趋势；载锗闪锌矿的上浮率由最高的 87.57%（pH=4）降至 53.36%（pH=12），载铟闪锌矿由 45.53%（pH=2）降至 23.27%（pH=12），而普通闪锌矿的上浮率由 90.73%降至 73.98%。

③ 乙硫氮体系中，3 种矿物的上浮率都很低，浮选规律与无活化剂浮选一致，在中性

范围内，3种矿物的上浮率最高，强酸强碱条件下的上浮率都很低；活化剂的添加降低了整个 pH 值范围内 3 种矿物上浮率的差异性。

由此可见，丁黄药和丁铵黑药是稀散金属铟和锗载体闪锌矿有效的捕收剂，但丁黄药效果更好，而乙硫氮不适于锌矿物的浮选；高碱条件下，捕收性能越强的捕收剂越有利于矿物的浮选，但 3 种闪锌矿在碱性条件下受到的抑制作用会增强。因此，稀散金属铟和锗载体闪锌矿的回收不宜使用较高的 pH 值。

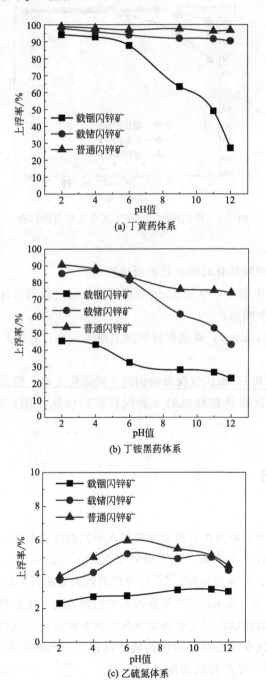

图 3.6　相同硫酸铜用量下 pH 值对 3 种矿物浮选行为的影响

3.2.2.3　活化时间

活化时间过短，铜离子可能未及时吸附而造成活化失败，而活化时间过长，矿物表面可能会溶解或者氧化，使活化效果变差。因此，适当的活化时间对矿物的浮选很重要。试验考察了丁黄药用量 20mg/L、硫酸铜 15mg/L、pH=7 时活化时间对 3 种矿物上浮率的影响，结果如图 3.7 所示。

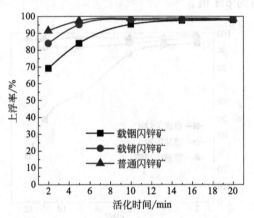

图 3.7　活化时间对 3 种矿物浮选行为的影响

由图 3.7 可以看出：

① 3 种矿物的上浮率随活化时间的延长而增加；

② 载锗和普通闪锌矿的上浮率在 5min 后接近最大值，载铟闪锌矿需要 10min 才接近最大值，但最大上浮率基本相同；

③ 短时间内（小于 10min），普通闪锌矿的上浮率最高，其次是载锗闪锌矿，载铟闪锌矿上浮率最低。

由此可见，In、Ge 和 Fe 取代仅仅影响铜离子的活化效率，但并不影响闪锌矿的最大上浮率，延长活化时间可以强化硫酸铜对 3 种闪锌矿的活化作用，降低 3 种矿物的可浮性差异。

3.3　无捕收剂浮选

3.3.1　松醇油用量

浮选是闪锌矿富集的主要方法，通常需要加入不同的浮选药剂，如捕收剂、起泡剂和调整剂等。起泡剂对浮选有重要影响，除了可以增强矿浆的起泡能力，对气泡的大小、稳定性[185-187]、电位[188,189]、泡沫层厚度[190-194] 等均有较大影响外，还具有同捕收剂的协同共吸附作用。Leja 和 J. H. Schulman 用互相穿插共吸附理论简明地解释了捕收剂和起泡剂分子的互相作用机理，认为表面活性与非表面活性起泡剂和捕收剂的共吸附作用，生成了起泡剂与捕收剂复合体。这种复合体主要是由于烃链的范德华力而吸附在一起的。它们在液-气和固-气界面互相穿插吸附，使矿粒稳固附着于气泡之上[195]。Waterhouse 和 Sehulman 用电子衍射图谱证明了固体表面扩散的捕收剂被起泡剂分子所穿插。王淀佐等研究认为起泡剂分子会取代亲水区的水分子而吸附在矿物表面[196]。

松醇油是有色金属矿和非金属矿浮选中最常用的起泡剂，俗称二号油，主要成分是萜烯醇，其基础性质已被广泛研究。通常，添加松醇油的目的是得到更好、更稳定的泡沫层，然而松醇油在无捕收剂条件下对闪锌矿浮选影响的研究较少。

图 3.8 为无活化剂和捕收剂、在 pH＝7 时，松醇油用量对 3 种矿物浮选的影响，可以看出：

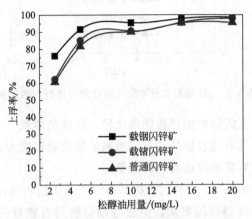

图 3.8 松醇油用量对矿物浮选行为的影响

① 随着松醇油用量的增加，纯矿物的上浮率增大，到一定值时，上浮率趋于平缓。

② 松醇油用量为 10mg/L 时，载铟闪锌矿上浮率接近最大值；用量为 15mg/L 时，普通闪锌矿和载锗闪锌矿的上浮率都接近最大值。

③ 较低松醇油用量时，载铟闪锌矿的上浮率最高，载锗闪锌矿次之，普通闪锌矿最差；随着松醇油用量的增加，3 种闪锌矿的上浮率逐渐接近。

由此可见，松醇油不仅具有起泡性，还兼有一定的捕收性，可以实现闪锌矿无捕收剂的高效浮选。而松醇油是一种极性非离子表面活性剂，其主要的作用基团是羟基，不会和矿物表面发生化学反应。因此，其吸附是物理吸附，而不是像丁黄药那样通过与矿物表面离子发生化学反应而产生化学吸附。In、Ge、Fe 等取代 Zn 原子后，除了导致闪锌矿表面性质不同外，同样会造成其对松醇油吸附的差异。

3.3.2　pH 值对无捕收剂浮选的影响

图 3.9 为无任何捕收剂，松醇油用量为 10mg/L 时，酸度 pH 值对 3 种矿物浮选的影响。由图可以看出：

① 3 种闪锌矿在弱酸性条件（4＜pH＜7）下可浮性较好，而在强酸或强碱性条件下可浮性较弱。因为在酸性条件下，铁闪锌矿表面会生成疏水的聚硫化物（S_n^{2-}）和单质硫（S_n^0），提高了矿物的可浮性，但过酸可能引起了矿物表面的溶解；而在碱性条件下，其表面会生成亲水的氢氧化锌、氢氧化铁、氢氧化铜以及亚硫酸盐和硫酸盐等[197,198]，降低了矿物的可浮性，同时也会影响松醇油的吸附。

② 碱性条件下，普通闪锌矿的上浮率最高，载锗闪锌矿次之，载铟闪锌矿相对较差。

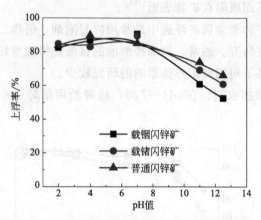

图 3.9　pH 值对 3 种矿物无捕收剂浮选行为的影响

尽管如此，与丁黄药体系下闪锌矿的浮选结果比较，松醇油体系下 3 种矿物的上浮率均大幅度提高，因为松醇油除了具有捕收性外还可以增强矿浆的起泡能力，改变气泡的大小、稳定性、电位、泡沫层厚度等对矿物浮选有利的因素。

由此可见，在松醇油体系下，3 种闪锌矿都可以实现无捕收剂浮选（相对丁黄药体系），而且在高碱条件下受到的抑制作用更弱。但松醇油是否具有较好的选择性需要进一步深入研究。

3.3.3　活化剂对无捕收剂浮选的影响

图 3.10 为无捕收剂，松醇油用量为 10mg/L，硫酸铜用量为 10mg/L 时，pH 值对 3 种矿物浮选的影响。由图可以看出：3 种闪锌矿在整个 pH 值范围内都保持较高的上浮率，且 3 种矿物之间的差距不大。由此可见，在松醇油体系下，添加活化剂同样可以提高矿物的上浮率，即使在高碱条件下对矿物的影响也较小，说明松醇油与活化剂之间有较强的协同作用。

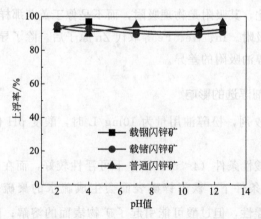

图 3.10　pH 值对 3 种矿物无捕收剂活化浮选行为的影响

3.4　本章小结

本章考察了不同药剂体系、用量和 pH 值对载铟、载锗闪锌矿以及不含稀散金属的普通闪锌矿的浮选行为影响，从宏观角度揭示了 3 种闪锌矿间的可浮性差异，主要结论如下：

① 3 种闪锌矿的天然可浮性都比较差，最高回收率也不足 5%；同等粒度下，普通闪锌矿的天然可浮性最好，其次是载锗闪锌矿，载铟闪锌矿可浮性最差；天然可浮性与接触角结果相一致。

② 丁黄药和丁铵黑药是 3 种闪锌矿的有效捕收剂，但丁黄药效果更好，而乙硫氮不适于锌矿物的浮选；pH 值对 3 种闪锌矿浮选影响较大，高碱条件下，载铟闪锌矿受到的抑制作用最大，载锗闪锌矿次之，普通闪锌矿受到的抑制作用相对较弱。

③ 添加硫酸铜可以提高 3 种闪锌矿的可浮性。短时间内，普通闪锌矿的活化浮选效果最好，载锗闪锌矿次之，载铟闪锌矿最差。延长活化时间可以降低 3 种闪锌矿之间的可浮性差异。

④ 松醇油不仅具有起泡性，还兼有一定捕收性，可以实现 3 种闪锌矿的无捕收剂高效浮选；与捕收剂体系相比，pH 值对松醇油的捕收性能影响较小；添加活化剂可以大幅度提高 3 种闪锌矿无捕收剂浮选的上浮率。

第 4 章
石灰对铟和锗载体
闪锌矿的抑制机理

　　石灰和氢氧化钠是最常用的矿浆 pH 值调整剂。由于石灰廉价、易得，因此实践中常作为闪锌矿浮选过程中锌－硫分离的 pH 值调整剂及黄铁矿的抑制剂[199]。单矿物浮选试验结果表明 pH 值对闪锌矿的浮选具有重要影响，在碱性条件下，3 种不同的闪锌矿均受到了不同程度的抑制，可见晶格取代也会造成闪锌矿在碱性条件下抑制行为的差异，因此本章主要通过量子化学计算，考察 In、Ge 和 Fe 取代对碱性条件下的抑制组分在闪锌矿表面吸附的影响，从微观角度解释其抑制机理。

4.1　石灰溶液中的含 Ca 组分分析

　　石灰与氢氧化钠不同，在调浆的过程中，除了增加溶液中的 OH^- 浓度外，还引入了大量 Ca^{2+}，Ca^{2+} 随着 pH 值变化会出现不同化学形态的含 Ca 组分，并对闪锌矿的浮选造成影响。因此，研究 Ca^{2+} 在不同 pH 值矿浆中的存在形态具有重要意义。本书采用化学平衡计算软件 Visual MINTEQ 计算了一定初始浓度条件下，含 Ca 组分在不同 pH 值条件下的存在形式及其浓度分布规律，计算结果见图 4.1。

　　由图 4.1 可知，在 7＜pH＜13.5 的范围内存在的含 Ca 成分主要有 Ca^{2+}、$CaOH^+$ 和 Ca $(OH)_2$；当 pH＜10 时，溶液中的含 Ca 成分主要以 Ca^{2+} 形式存在；当 pH＞10 后，$CaOH^+$ 组分浓度开始增加，Ca^{2+} 浓度降低，其中，在 10＜pH＜12 范围内，除了 Ca^{2+}，

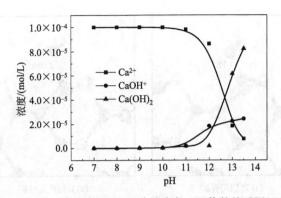

图 4.1　溶液中含 Ca 组分浓度与 pH 值的关系图

CaOH$^+$组分含量较高，当 pH>12.5 后，以 Ca（OH）$_2$ 为主。Ca^{2+} 对闪锌矿不具有抑制作用，根据前人的研究，石灰溶液中的抑制组分主要为 OH$^-$ 和 CaOH$^+$。单矿物浮选试验结果也表明 3 种闪锌矿的上浮率随着 pH 值的增加都在下降，当 pH>10 后，回收率还突然出现一次大幅度的下降，进一步证实了 OH$^-$ 和 CaOH$^+$ 对闪锌矿具有抑制作用。

4.2　计算方法与模型

构建模型时，首先采用 CASTEP 模块构建 OH$^-$ 和 CaOH$^+$ 的结构，将 OH$^-$ 和 CaOH$^+$ 放入一个 15Å×15Å×15Å 的真空晶胞盒子中，采用 BFGS 优化算法优化其结构。将优化后的 OH$^-$ 和 CaOH$^+$ 放入优化好的闪锌矿晶胞表面，模拟其相互作用过程。计算时，忽略体系的自旋极化，自洽过程中体系能量达到平衡后视为收敛。OH$^-$ 和 CaOH$^+$ 与矿物表面的吸附能（ΔE_{ads}）计算公式如下：

$$\Delta E_{ads} = E_{X+slab}^{tot} - E_{slab}^{tot} - E_X$$

式中，E_{X+slab}^{tot} 是 OH$^-$ （或 CaOH$^+$）分子与锌矿物的表面吸附后的总能量；E_{slab}^{tot} 是吸附前闪锌矿的总能量；E_X 为 OH$^-$ 或 CaOH$^+$ 的能量；ΔE_{ads} 为 OH$^-$ 或 CaOH$^+$ 在锌矿物表面的吸附能，ΔE_{ads} 的值越负说明吸附越容易进行。

4.3　OH$^-$ 在铟、锗和铁取代闪锌矿表面的吸附机理

4.3.1　OH$^-$ 在闪锌矿表面的吸附构型及吸附能

图 4.2 为 OH$^-$ 在不同闪锌矿表面的吸附构型，图中标出的数字为相应两原子之间的键长。表 4.1 为 OH$^-$ 在闪锌矿表面吸附前后 O—H 键长变化。由图 4.2 可以看出，OH$^-$ 主要通过 O 原子与矿物表面的金属原子发生键合而吸附在矿物表面，但由于原子间的电负性差异，OH$^-$ 并非垂直吸附在不同闪锌矿表面，而且 O 与不同原子间的作用键长也不同，其中 O—Fe 间键长最短，而 O—In 键长最长。由表 4.1 可知，OH$^-$ 在 4 种表面上吸附后 O—H 键长都发生了微量的缩短，说明 OH$^-$ 在吸附的过程中由于电荷的转移其自身的空间结构会自发进行调整，但 In、Ge 和 Fe 取代并没有引起 OH$^-$ 的解离。

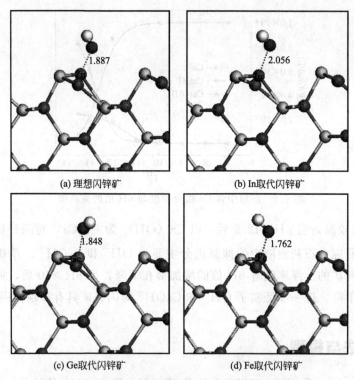

(a) 理想闪锌矿　　(b) In取代闪锌矿

(c) Ge取代闪锌矿　　(d) Fe取代闪锌矿

图 4.2　OH⁻在闪锌矿表面（110）面的平衡吸附构型

表 4.1　OH⁻吸附前后的键长变化　　　　　　　　　　单位：Å

矿物	吸附前	吸附后
	O—H 键长	O—H 键长
理想闪锌矿	0.991	0.985
In 取代	0.991	0.982
Ge 取代	0.991	0.962
Fe 取代	0.991	0.988

表 4.2 列出了 OH⁻吸附前后不同取代类型闪锌矿表面总能、OH⁻的总能以及各表面对 OH⁻的平衡吸附能。由表 4.2 可知，OH⁻在不同闪锌矿表面的平衡吸附能大小顺序为：Fe 取代（−5.649eV）＜In 取代（−5.264eV）＜Ge 取代（−4.085eV）＜理想闪锌矿（−3.354eV），

表 4.2　OH⁻吸附前后的总能及吸附能　　　　　　　　　　单位：eV

物质	总能		吸附能(E_{ads})
	吸附前	吸附后	
OH⁻	−468.72	—	—
理想闪锌矿	−47738.43	−48190.983	−3.354
In 取代	−47588.60	−48043.063	−5.264
Ge 取代	−46135.20	−46588.482	−4.085
Fe 取代	−46890.87	−47344.785	−5.649

说明 OH^- 可以自发吸附在 4 种矿物表面，而 In、Ge 和 Fe 取代使得闪锌矿表面更容易吸附 OH^-，不仅增强了其表面的亲水性，而且占据了捕收剂吸附的活性点，阻碍捕收剂的吸附，从而导致闪锌矿的可浮性降低。单矿物浮选试验从宏观角度证实了计算的准确性，载铟和载锗闪锌矿等 In、Ge 和 Fe 含量高的闪锌矿随着 pH 的增加上浮率明显降低，而普通闪锌矿的上浮率下降则较为平缓。

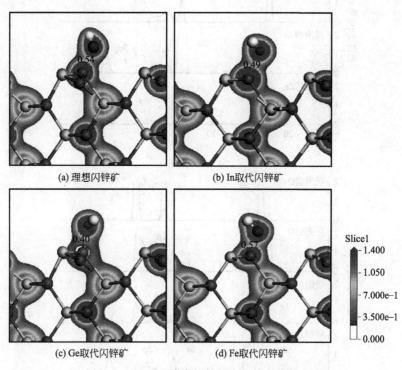

图 4.3　OH^- 吸附在闪锌矿表面的电荷密度图

电荷密度可以清楚地反映 O 原子与矿物表面 Zn、In、Ge 和 Fe 原子之间的成键情况。如图 4.3 所示，白色表示电荷密度为零，图中的数字为键的 Mulliken 布居值，布居值越大表明键的共价性越强，越小说明离子间的作用力越强。由图 4.3 可以看出，O 原子与 4 种金属原子之间的电子云都有重叠，且布居值都为正，表明它们之间形成较强的共价键，说明 OH^- 在 4 种矿物表面吸附均很稳定，其中 Fe—O 键的布居值最大，表明 OH^- 在 Fe 取代表面稳定性最强，不易脱落，这也是铁闪锌矿或载铟铁闪锌矿碱性条件下难浮选的主要原因之一。

4.3.2　OH^- 吸附前后作用原子的态密度分析

态密度可以分析 OH^- 与闪锌矿表面作用的强弱以及作用原子的态电子贡献情况。图 4.4 为 OH^- 在 4 种闪锌矿表面吸附前后的 Zn、In、Ge、Fe 和 O 原子的态密度。

由图 4.4 可以看出：

① OH^- 在 4 种闪锌矿表面吸附前，O 原子在费米能级（E_F）附近的态密度均由 2p 轨道贡献，Zn 原子由 3d 和 3p 轨道共同贡献，In 原子由 5s 和 5p 轨道共同贡献，Ge 原子由 4s 和 4p 轨道共同贡献，Fe 原子由 4s、3p 和 3d 轨道共同贡献。Zn、In 和 Ge 原子中的最强态

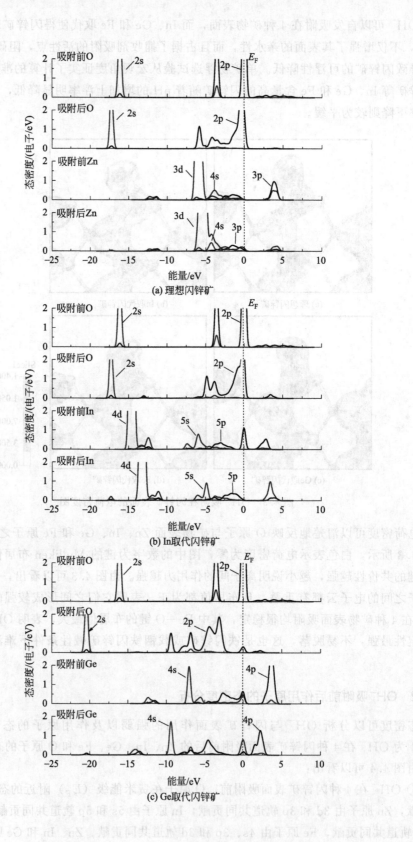

(a) 理想闪锌矿

(b) In取代闪锌矿

(c) Ge取代闪锌矿

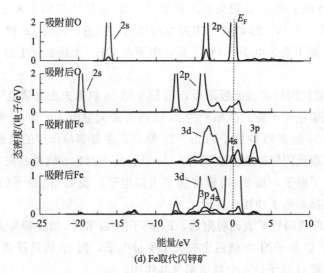

(d) Fe取代闪锌矿

图 4.4　OH⁻ 吸附前后的闪锌矿表面的 Zn、In、Ge、Fe 和 O 原子的态密度

密度峰分别为 Zn 3d、In 4d 和 Ge 4p 轨道，与 O 原子的最强态密度峰 O 2p 轨道并非处于同一能级位置，而 Fe 原子中的最强态密度峰 Fe 3d 轨道与 O 原子的最强态密度峰 O 2p 轨道同处于费米能级附近，更有利于电子的跃迁。因此，OH⁻ 中的 O 与 Fe 原子成键的过程中更容易发生电子态密度的最大重叠。

② OH⁻ 在 4 种闪锌矿表面吸附后，O 原子的态密度整体向低能方向移动，O 原子的 2p 轨道态密度峰由吸附前独立的 2 个峰变为连续分布的宽大而平缓态密度峰，电子的非局域性增强。Zn 原子轨道与 O 原子的轨道在−5～0eV 之间杂化较明显，其中在-3.8 eV 处 Zn 原子的 4s 轨道与 O 原子的 2p 轨道发生了较强的杂化，出现了明显的杂化态密度峰。In 原子轨道与 O 原子轨道在−4～0eV 之间杂化现象较明显，其中，在−3.8eV 处出现了明显的 In 5s 与 O 2p 的杂化态密度峰。此外，In 原子在−17.3eV 处还出现了微弱的新态密度峰。Ge 原子在−20.5eV 处出现了微弱的新态密度峰，在−4.2eV 处出现了明显的 Ge 4p 与 O 2p 的杂化态密度峰。Fe 原子的轨道与 O 原子的轨道主要在费米能级附近发生杂化。因此，Fe 与 O 原子间的相互作用更强，也就是说 OH⁻ 在 Fe 取代闪锌矿表面的吸附作用会更强且更稳固。

4.3.3　OH⁻吸附前后表面原子的 Mulliken 电荷分析

原子 Mulliken 电荷布居值分析可以清楚地看出反应原子之间的电荷转移情况及参与作用的主要轨道。表 4.3 列出了 OH⁻ 在理想闪锌矿及 In、Ge 和 Fe 取代表面吸附前后的表面 O、In、Ge 和 Fe 原子的 Mulliken 电荷布居值。

由表 4.3 可以看出：

① OH⁻ 在 4 种闪锌矿表面吸附前，OH⁻ 中的 O 原子带负电荷，而闪锌矿表面的 Zn、In、Ge 和 Fe 等金属原子都带正电荷；吸附后，O 原子得到电子，负电荷增多，金属原子失去电子，正电荷增多。

② OH⁻ 在理想闪锌矿表面吸附后，Zn 原子的 4s 轨道失去大量电子，而 3p 和 3d 轨道

失去了微量电子；O 原子的 2s 轨道失去大量电子，而 2p 轨道得到了大量电子，表明 Zn 原子的 4s 轨道和 O 原子的 2s、2p 轨道是主要参与作用的轨道，同时 Zn 和 O 原子的得失电子并不平衡，说明 Zn 原子失去电子给 OH⁻ 后，电子在 OH⁻ 上还会发生自我转移，并出现自我轨道杂化现象。

③ OH⁻ 在 In 取代闪锌矿表面吸附后，In 原子的 5s 轨道失去大量电子，5p 轨道失去了少量电子，而 4d 轨道电子不变；O 原子的 2s 轨道失去大量电子，而 2p 轨道得到了大量电子，说明 In 原子的 5s 轨道和 O 原子的 2s、2p 轨道是主要参与作用的轨道。

④ OH⁻ 在 Ge 取代闪锌矿表面吸附后，Ge 原子的 4s 和 4p 轨道都失去大量电子；O 原子的 2s 轨道也失去了电子，而 2p 轨道得到了大量电子，说明 Ge 原子的 4s、4p 轨道和 O 原子的 2s、2p 轨道都参与了作用。

⑤ OH⁻ 在 Fe 取代闪锌矿表面吸附后，Fe 原子的 4s 和 3d 轨道都失去大量电子，3p 轨道失去了少量电子；O 原子的 2s 轨道也失去了少量电子，而 2p 轨道得到了大量电子，说明 Fe 原子的 3 个轨道和 O 原子的 2 个轨道都参与作用。

表 4.3　OH⁻ 在闪锌矿表面吸附前后成键原子的 Mulliken 布居值

表面	原子	吸附状态	s	p	d	总计	电荷/e
理想闪锌矿	Zn	吸附前	0.92	0.76	9.98	11.65	0.35
		吸附后	0.81	0.74	9.96	11.51	0.49
	O	吸附前	1.95	4.61	0.00	6.56	−0.56
		吸附后	1.88	4.95	0.00	6.83	−0.83
In 取代闪锌矿	In	吸附前	1.44	1.12	9.99	12.56	0.44
		吸附后	1.16	1.09	9.99	12.24	0.76
	O	吸附前	1.95	4.61	0.00	6.56	−0.56
		吸附后	1.89	5.02	0.00	6.92	−0.92
Ge 取代闪锌矿	Ge	吸附前	1.92	1.72	0.00	3.64	0.36
		吸附后	1.68	1.64	0.00	3.33	0.67
	O	吸附前	1.95	4.61	0.00	6.56	−0.56
		吸附后	1.88	4.99	0.00	6.87	−0.87
Fe 取代闪锌矿	Fe	吸附前	0.45	0.31	6.95	7.71	0.29
		吸附后	0.38	0.45	6.72	7.55	0.45
	O	吸附前	1.95	4.61	0.00	6.56	−0.56
		吸附后	1.87	4.85	0.00	6.72	−0.72

4.4　CaOH⁺ 在铟、锗和铁取代闪锌矿表面的吸附机理

4.4.1　CaOH⁺ 在闪锌矿表面的吸附构型及吸附能

CaOH⁺ 中的 Ca 和 O 原子均具有较好的反应活性，其中 Ca 原子由于键未饱和，反应活性更高，因此构建模型时，以 Ca—S 键为主考察了 CaOH⁺ 在不同闪锌矿表面不同方位的吸附构型。图 4.5 为 CaOH⁺ 在不同闪锌矿表面可能吸附的 3 种位置结构经优化后得到的吸附

构型，图中标出的数字分别为相应两原子之间的键长和对应的吸附能，单位分别为 Å 和 eV。其中，位置 1 为 CaOH$^+$ 垂直吸附在 S 原子上的吸附构型；位置 2 为 CaOH$^+$ 平行吸附在 S 原子上，O 原子对着空穴的吸附构型；位置 3 为 CaOH$^+$ 平行吸附在 S 原子上，但 O 原子对着金属原子的双键吸附构型，Ca—O 键与 S—X（X 为 Zn、In、Ge 和 Fe 原子）平行（图 4.6 同）。

由图 4.5 可以看出，CaOH$^+$ 主要通过 Ca 和 O 原子与矿物表面的 S 和金属原子发生键合而吸附在闪锌矿表面，但由于 In、Ge、Fe 等原子的取代及其电负性差异，导致相邻 S 原子的反应活性及电荷性不同，使得 CaOH$^+$ 的吸附难易程度也不同。

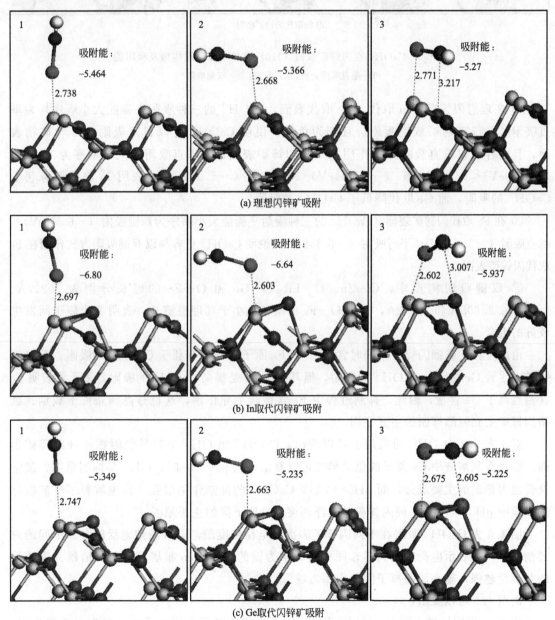

(a) 理想闪锌矿吸附

(b) In 取代闪锌矿吸附

(c) Ge 取代闪锌矿吸附

图 4.5

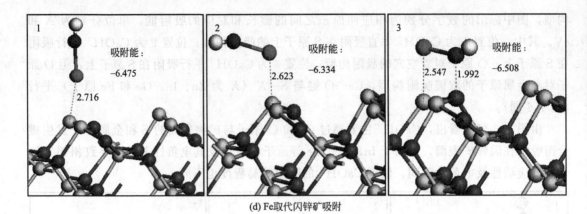

(d) Fe取代闪锌矿吸附

图 4.5　CaOH$^+$在闪锌矿表面（110）面的平衡吸附构型及吸附能

1—垂直吸附；2—水平吸附；3—双键吸附

① 在理想闪锌矿、In 取代、Ge 取代表面，CaOH$^+$ 的三种吸附平衡能大小顺序均为垂直吸附＜平行吸附＜双键吸附，且都为负值，说明 CaOH$^+$ 可以自发吸附在 3 种矿物表面，且更容易以垂直吸附方式作用在 3 种闪锌矿表面，其垂直吸附能大小顺序为 In 取代（−6.80eV）＜理想闪锌矿（−5.464eV）＜Ge 取代（−5.349eV），表明 In 取代更有利于 CaOH$^+$ 的吸附，而 Ge 取代降低了 CaOH$^+$ 的吸附。

② 在 Fe 取代闪锌矿表面，CaOH$^+$ 的三种吸附平衡能大小顺序为双键吸附（−6.508eV）＜垂直吸附（−6.475eV）＜平行吸附（−6.334eV），说明 CaOH$^+$ 更容易以双键吸附方式作用在 Fe 取代闪锌矿表面。

③ 双键吸附构型中，O—Zn、O—In、O—Ge 和 O—Fe 的键长分别为 3.217Å、3.007Å、2.605Å 和 1.992Å，其中 O—Fe 的键长远小于其理想键长，表明 2 个原子间发生较好的键合。

由此可见，载铟闪锌矿中同时含有 In 和 Fe 原子，均是有利于 CaOH$^+$ 的吸附；载锗闪锌矿中尽管 Ge 是降低 CaOH$^+$ 的吸附，但其中的 Fe 是提高 CaOH$^+$ 的吸附，多元素表明 Fe 含量远高于 Ge 含量，因此，抑制过程中 Fe 含量起主导作用，这也是高碱条件下载铟、载锗闪锌矿受到强烈抑制的主要原因。

对比表 4.2 中 OH$^-$ 的吸附能可以看出，CaOH$^+$ 比 OH$^-$ 更容易吸附在 4 种闪锌矿表面。综合石灰溶液中 Ca 离子的化学形态可以看出，当 pH＜10 时，OH$^-$ 是抑制载铟、载锗及普通闪锌矿的主要成分，而 pH＞10 后，CaOH$^+$ 的抑制作用增强，这也解释了单矿物浮选试验中 pH＞10 后，3 种闪锌矿的上浮率突然急剧下降的主要原因。

图 4.6 为 CaOH$^+$ 吸附在不同闪锌矿表面的电荷密度图，可以清楚地反映各原子间的成键情况。白色表示电荷密度为零，图中的数字为键的 Mulliken 布居值，布居值越大表明键的共价性越强，越小说明离子间的作用力越强。

由图 4.6 可以看出：

① 在 4 种闪锌矿表面上，Ca 原子与 S 原子之间的电子云都有重叠，且布居值都为正，表明它们之间形成较强的共价键，说明 CaOH$^+$ 在 4 种矿物表面吸附均很稳定；

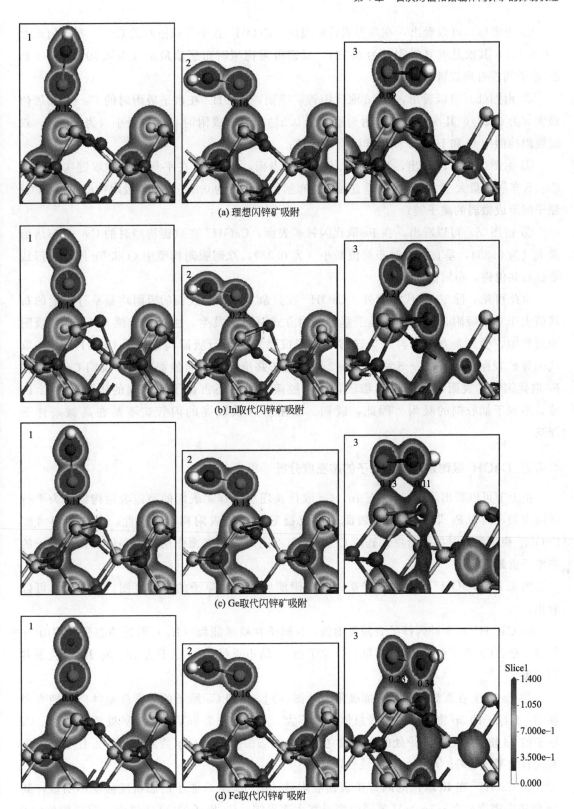

图 4.6 CaOH$^+$吸附在闪锌矿表面的电荷密度图
1—垂直吸附；2—水平吸附；3—双键吸附

② 由图(a)可以看出，在理想闪锌矿表面，$CaOH^+$在平行吸附时的Ca—S布居值最大（为0.16），其次是垂直吸附（为0.12），双键吸附构型时布居值最小（为0.09），且O和Zn原子间没有形成键；

③ 由图(b)可以看出，在In取代闪锌矿表面，$CaOH^+$在水平吸附时的Ca—S布居值最大（为0.22），其次是双键吸附构型（为0.21），垂直吸附时布居值最小（为0.14），双键吸附构型中O和In原子间同样没有形成键；

④ 由图(c)可以看出，在Ge取代闪锌矿表面，$CaOH^+$在平行吸附和双键构型时的Ca—S布居值最大（为0.13），垂直吸附时布居值最小（为0.11），双键吸附构型中O和Ge原子间形成微弱的离子键；

⑤ 由图(d)可以看出，在Fe取代闪锌矿表面，$CaOH^+$在双键构型时的Ca—S布居值最大（为0.23），垂直吸附时布居值最小（为0.08），双键吸附构型中O和Fe原子间形成更强的共价键，布居值为0.34。

由此可见，除Fe取代表面外，$CaOH^+$在其余3种矿物表面的吸附均是平行吸附的布居值大于垂直吸附，但吸附能显示垂直吸附方式更容易发生。由此可推测$CaOH^+$在吸附的过程中，会先垂直吸附再发生迁移最终形成稳定的平行吸附构型；而$CaOH^+$在Fe取代闪锌矿表面形成了Ca—S和O—Fe 2个稳定的共价键且布居值都很大，说明$CaOH^+$在Fe取代闪锌矿表面的吸附极其稳固，不易脱落，同时还占据了捕收剂的吸附活性点Fe位，不利于捕收剂的吸附。因此，载铟、载锗等含铁较高的闪锌矿不易在高碱条件下浮选。

4.4.2 CaOH⁺吸附前后作用原子的态密度分析

由上节可以看出，$CaOH^+$在In、Ge取代及理想闪锌矿表面的稳定吸附构型均为平行吸附构型，而在Fe取代闪锌矿表面则形成稳定的双键吸附构型。因此，本节主要考察$CaOH^+$稳定吸附时的态密度，查清$CaOH^+$与不同闪锌矿表面作用的强弱以及作用原子的态电子贡献情况。

图4.7为$CaOH^+$在4种闪锌矿表面吸附前后的作用原子的态密度图。由图4.7可以看出：

① $CaOH^+$在4种闪锌矿表面吸附前，S原子在费米能级（E_F）附近的态密度均由3p轨道贡献，Ca原子由3d轨道贡献，O原子由2p轨道贡献，Fe原子由3d、3p和4s轨道共同贡献。

② $CaOH^+$在理想闪锌矿表面吸附后[图(a)]，S和Ca原子的态密度整体向低能方向移动；S原子的3p轨道态密度峰总体变化不大，分别在-7.2eV和-5eV处微弱增强；Ca原子的3d轨道由之前导带处的2个独立、尖锐的态密度峰迁移至费米能级附近且变为一个宽大且较平缓的峰，电子的非局域性增强。

③ $CaOH^+$在In取代的闪锌矿表面吸附后[图(b)]，S原子的态密度移动不明显，其3p轨道态密度峰在-5～1eV范围内变得宽大而平缓；Ca原子的3d轨道由之前导带处的2个独立、尖锐的态密度峰变为一个宽大且较平缓的峰，电子的非局域性增强。

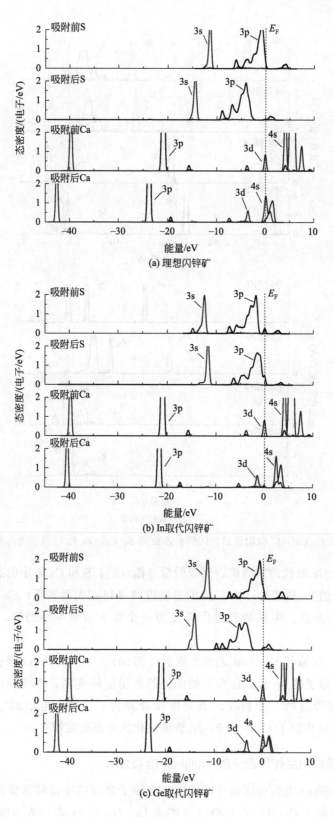

图 4.7

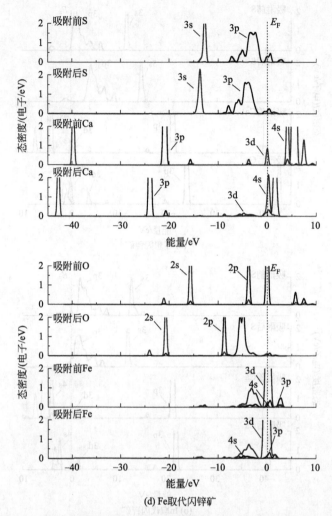

(d) Fe取代闪锌矿

图 4.7 CaOH$^+$ 吸附前后的闪锌矿表面的 S、Ca、Fe 和 O 原子的态密度

④ CaOH$^+$ 在 Ge 取代的闪锌矿表面吸附后 [图(c)]，S 和 Ca 原子的态密度整体向低能方向移动；S 原子的 3p 轨道在-3.8eV 处的态密度峰变得宽大而平缓，Ca 原子的 3d 轨道由之前导带处的 2 个独立、尖锐的态密度峰变为一个宽大且较平缓的峰，电子的非局域性增强。

⑤ CaOH$^+$ 在 Fe 取代的闪锌矿表面吸附后 [图(d)]，S、Ca 和 O 原子的态密度整体向低能方向移动；S 原子的 3p 轨道在费米能级处的态密度峰变弱，Ca 原子的 3d 轨道态密度峰整体变弱且其导带处的 2 个独立的态密度峰合并为一个峰，电子的非局域性增强；在 -5eV 和 -5.5eV 处出现了 O 2p 和 Fe 3d 轨道杂化的新态密度峰。

4.4.3 CaOH$^+$ 吸附前后作用原子的 Mulliken 电荷分析

通过原子 Mulliken 电荷布居值可以看出反应原子之间的电荷转移情况及参与作用的主要轨道，表 4.4 列出了 CaOH$^+$ 在理想闪锌矿及 In、Ge 和 Fe 取代表面吸附前后的表面 S、Ca、O 和 Fe 原子的 Mulliken 电荷布居值。

表 4-4　CaOH$^+$ 在闪锌矿表面吸附前后成键原子的 Mulliken 布居值

表面	原子	吸附状态	s	p	d	总计	电荷/e
理想闪锌矿	Ca	吸附前	3.01	5.99	0.48	9.48	0.52
		吸附后	2.34	5.99	0.62	8.94	1.06
	S	吸附前	1.86	4.65	0.00	6.50	−0.50
		吸附后	1.84	4.76	0.00	6.60	−0.60
In 取代闪锌矿	Ca	吸附前	3.01	5.99	0.48	9.48	0.52
		吸附后	2.23	5.99	0.67	8.88	1.12
	S	吸附前	1.86	4.69	0.00	6.54	−0.54
		吸附后	1.83	4.80	0.00	6.63	−0.63
Ge 取代闪锌矿	Ca	吸附前	3.01	5.99	0.48	9.48	0.52
		吸附后	2.31	5.99	0.65	8.94	1.06
	S	吸附前	1.86	4.64	0.00	6.49	−0.49
		吸附后	1.85	4.70	0.00	6.55	−0.55
Fe 取代闪锌矿	Fe	吸附前	0.45	0.31	6.95	7.71	0.29
		吸附后	0.35	0.37	7.00	7.72	0.28
	O	吸附前	1.85	5.18	0.00	7.04	−1.04
		吸附后	1.84	5.05	0.00	6.89	−0.89
	Ca	吸附前	3.01	5.99	0.48	9.48	0.52
		吸附后	2.37	5.99	0.61	8.97	1.03
	S	吸附前	1.85	4.57	0.00	6.42	−0.42
		吸附后	1.82	4.66	0.00	6.48	−0.48

由表 4.4 可以看出：

① CaOH$^+$ 在 4 种闪锌矿表面吸附前，CaOH$^+$ 中的 Ca 原子带正电荷，O 原子带负电荷，而 4 种闪锌矿表面的 S 原子都带负电荷，Fe 取代表面的 Fe 原子带正电荷；吸附后，S 原子得到电子，负电荷增多，Ca 原子失去电子，正电荷增多；此外，在 Fe 取代表面由于形成了双键吸附，CaOH$^+$ 中的 O 原子失去电子，负电荷减少，Fe 原子得到了电子，正电荷减少。

② CaOH$^+$ 在理想闪锌矿、In 取代及 Ge 取代闪锌矿表面吸附后，Ca 和 S 原子得失电子呈相同的趋势，Ca 原子的 4s 轨道失去大量电子，3d 轨道得到了大量电子，而 3p 轨道不变；S 原子的 3s 轨道失去少量电子，而 3p 轨道得到了大量电子，说明在这 3 种闪锌矿表面 Ca 原子的 4s、3d 和 S 原子的 3p 轨道是主要参与作用的轨道。

③ CaOH$^+$ 在 Fe 取代闪锌矿表面吸附后，Ca 原子的 4s 轨道失去大量电子，3d 轨道得到了大量电子，而 3p 轨道不变；S 原子的 3s 轨道失去少量电子，而 3p 轨道得到了大量电子；Fe 原子的 4s 轨道失去大量电子，3p 和 3d 轨道得到少量电子，O 原子的 2s 轨道失去微量电子，2p 轨道失去大量电子，说明 Ca、S、Fe 和 O 原子的所有轨道都参与了作用，这也是 CaOH$^+$ 在 Fe 取代闪锌矿表面吸附能更小、电荷密度更紧密、吸附更稳定的主要原因之一。

4.5　本章小结

pH 值是影响硫化矿浮选的重要因素之一，在实际生产过程中，石灰是最常用的 pH 调整剂。本章先采用 Visual MINTEQ 软件研究了石灰溶液中不同含 Ca 组分随 pH 值的变化趋势及分布规律，弄清了碱性条件下的主要抑制组分；再采用量子化学计算方法构建了抑制组分 OH^- 和 $CaOH^+$ 在 In、Ge 和 Fe 取代闪锌矿及理想闪锌矿表面的吸附模型，并通过吸附能、态密度和 Mulliken 电荷等解释了 OH^- 和 $CaOH^+$ 的吸附机理，主要结论如下：

① 当 pH$<$10 时，溶液中的含 Ca 成分主要以 Ca^{2+} 形式存在；当 pH$>$10 后，$CaOH^+$ 组分浓度开始增加，Ca^{2+} 浓度降低，其中，在 10$<$pH$<$12 范围内以 $CaOH^+$ 组分为主，当 pH$>$12.5 后，以 $Ca(OH)_2$ 为主，主要抑制组分为 OH^- 和 $CaOH^+$。

② OH^- 主要通过 O 原子与 Zn、In、Fe 和 Ge 等原子形成共价键自发吸附在闪锌矿表面，其平衡吸附能大小顺序为：Fe 取代（$-5.649eV$）$<$In 取代（$-5.264eV$）$<$Ge 取代（$-4.085eV$）$<$理想闪锌矿（$-3.354eV$）；吸附后，O 原子的态密度整体向低能方向移动，电子的非局域性增强，并与 Zn、In、Fe 和 Ge 等原子轨道发生杂化形成新的杂化态密度峰；O 原子的 2s、2p 轨道，Zn 原子的 4s 轨道，In 原子的 5s 轨道，Ge 原子的 4s、4p 轨道，以及 Fe 原子的 3 个轨道是主要参与作用的轨道，其中 Fe 原子与 O 原子的轨道主要在费米能级附近作用，因此，Fe 与 O 原子间的相互作用更强，也就是说 OH^- 在 Fe 取代闪锌矿表面的吸附作用会更强且更稳固，其次是 In 取代，再次为 Ge 取代，而理想闪锌矿相对最弱。

③ $CaOH^+$ 主要通过 Ca 原子与矿物表面的 S 原子轨道杂化形成共价键自发吸附在 In、Ge 取代及理想闪锌矿表面形成稳定的平行吸附构型；吸附过程中，S 原子得到电子，负电荷增多，Ca 原子失去电子，正电荷增多；Ca 原子的 4s、3d 和 S 原子的 3p 轨道是主要参与作用的轨道；在 Fe 取代闪锌矿表面，除了 Ca 与 S 原子形成共价键外，O 与 Fe 原子也形成了共价键，构成了 $CaOH^+$ 在 Fe 取代闪锌矿表面稳定的双键吸附模型，且 Ca、S、Fe 和 O 原子的所有轨道都参与了作用，因此，$CaOH^+$ 在 Fe 取代闪锌矿表面吸附能更小、电荷密度更紧密、吸附更稳定。

④ $CaOH^+$ 比 OH^- 更容易吸附在 4 种闪锌矿表面，因此，高碱条件下，石灰溶液对闪锌矿的抑制能力比 NaOH 溶液更强；Fe、In 等进入闪锌矿晶格中，提高了闪锌矿对 $CaOH^+$ 和 OH^- 的吸附性能，因此，载铟、载锗等含铁量较高的闪锌矿不易在高碱条件下浮选回收。

第5章
硫酸铜对铟和锗载体闪锌矿的活化机理

浮选是一种利用矿物表面的亲疏水性及其对气泡吸附的差异来实现有用矿物与脉石矿物选择性分离的选矿方法。金属硫化矿通常具有较弱的疏水性表面，因此，需要添加捕收剂如黄原酸盐或二硫代磷酸盐等来增加矿物表面的疏水性[200]。由于黄原酸锌的稳定性较差，因此，浮选闪锌矿的过程中需要通过"活化"来增强其表面和捕收剂分子之间的吸附作用[201]。通常，以硫酸盐或硝酸盐的形式存在的二价铜离子（Cu^{2+}）是最广泛使用的活化剂，其他重金属离子如铅、银、镉、汞和 Fe^{2+}/Fe^{3+} 等虽然也可以活化闪锌矿，但很少被商业化应用[202]。

前人[203-208]研究表明，硫酸铜的活化作用机理主要有 2 种。

① 置换活化：Cu^{2+} 会按约 1：1 的比例与矿物表面的锌离子交换而吸附在矿物表面，通常发生如式（5.1）所示的反应。

$$ZnS_{(s)} + Cu^{2+}_{(aq)} \longrightarrow CuS_{(s)} + Zn^{2+}_{(aq)} \tag{5.1}$$

② 吸附活化：S. R. Grano 等[209]提出了碱性条件下，闪锌矿表面吸附 $Cu(OH)_2$ 而受到活化的吸附活化方式，并用式（5.2）和式（5.3）解释在碱性条件下的铜活化作用。

$$nZnS_{(s)} + xCu(OH)_{2(ppt)} \longrightarrow (ZnS)_n \cdot xCu(OH)_{2(surface)} \tag{5.2}$$

氢氧化铜（Ⅱ型）接着可能被硫化物中的锌（Ⅱ型）所替代。

$$(ZnS)_n \cdot xCu(OH)_{2(surface)} \longrightarrow Zn_{n-x}S_n \cdot xCu \cdot xZn(OH)_{2(surface)} \tag{5.3}$$

然而，这两种活化机理都具有一定的局限性。如 Cu^{2+} 是否具有与 $Cu(OH)_2$ 一样的吸附活化，而 $Cu(OH)_2$ 是否也具有置换活化性能尚不确定。此外，前人的研究对象多为普通的闪锌矿或铁闪锌矿，而载铟和载锗闪锌矿是特殊的闪锌矿，必然导致其有别于普通闪锌矿的特殊性质，进而导致其活化机理的异同。

本章主要通过吸附量检测、SEM-EDX 分析和量子化学计算模拟等从不同的角度揭示载铟和载锗闪锌矿的活化机理，为稀散金属铟和锗的载体锌矿物的高效活化浮选回收奠定理论基础。

5.1 硫酸铜溶液组分分析

由于闪锌矿常与黄铁矿等矿物共伴生，因此闪锌矿的回收通常需要在碱性或高碱性条件下活化浮选，而 Cu^{2+} 随着 pH 值的变化会出现不同化学形态的含 Cu 组分，每种组分对闪锌矿的活化作用差异巨大。因此，研究 Cu^{2+} 在不同 pH 值的矿浆中的存在形态具有重要意义。本书采用化学平衡计算软件 Visual MINTEQ 计算了一定初始浓度条件下，含 Cu 组分在不同 pH 值条件下的存在形式及其浓度分布规律，计算结果见图 5.1。

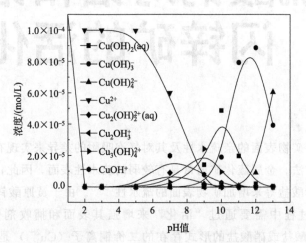

图 5.1 溶液中含 Cu 组分浓度与 pH 值的关系图

由图 5.1 可知，在 pH<4 的范围内溶液中存在的含 Cu 成分主要是 Cu^{2+}；当 pH>4 后，Cu^{2+} 的含量开始降低，其他含铜组分开始增加；其中在 4<pH<8 范围内，除了 Cu^{2+} 外，溶液中主要还有 $CuOH^+$；在 8<pH<9 范围内溶液中含铜组分复杂，有 Cu^{2+}、$Cu(OH)_2$、$CuOH^+$、$Cu_3(OH)_4^{2+}$ 等，且各组分含量相差不大；在 9<pH<10 范围内溶液中含铜组分主要为 $Cu(OH)_2$；在 10<pH<12.5 范围内溶液中含铜组分主要为 $Cu(OH)_3^-$；当 pH>12.5 后，溶液中以 $Cu(OH)_4^{2-}$ 为主。

由此可见，Cu^{2+} 随着 pH 值的变化会出现不同的含铜组分，这些组分的活化性能具有较大差异，从而导致闪锌矿活化浮选的差异。单矿物浮选试验结果也表明 3 种闪锌矿的上浮率随着 pH 值的增加都在下降，当 pH>10 后，回收率还突然出现一次大幅度的下降，证实了溶液中含 Cu 组分的变化对闪锌矿的活化及浮选具有较大影响。前人研究表明 Cu^{2+} 与 $Cu(OH)_2$ 是硫酸铜活化闪锌矿的主要成分。

5.2　Cu^{2+} 的吸附量

表 5.1　不同 pH 值条件下铜的吸附量及离子比

矿物	pH	C_{Cu}/(mg/L)	C_{Zn}/(mg/L)	C_{Cu}：C_{Zn}
普通闪锌矿	2	0.097	0.109	0.890
	4	0.195	0.189	1.032
	7	0.125	0.104	1.202
	10	0.143	0.096	1.490
	13	0.072	0.041	1.756
载铟闪锌矿	2	0.071	0.078	0.910
	4	0.113	0.109	1.037
	7	0.102	0.090	1.133
	10	0.109	0.074	1.473
	13	0.057	0.031	1.839
载锗闪锌矿	2	0.088	0.091	0.967
	4	0.148	0.143	1.035
	7	0.114	0.107	1.065
	10	0.129	0.083	1.554
	13	0.061	0.037	1.649

注：C_{Cu} 为铜离子在矿物表面的吸附量；C_{Zn} 为矿浆中的锌离子浓度。

由表 5.1 可以看出，pH 值对铜的吸附量及 Cu 与 Zn 的离子比有较大影响。

① 3 种闪锌矿中铜的吸附量随 pH 值的增大呈先增后降再增再降趋势，在 pH=4 和 pH=10 时分别出现了 2 个峰值，此时对应的含铜组分分别为 Cu^{2+} 和 Cu(OH)$_2$，证实了硫酸铜溶液中 Cu^{2+} 和 Cu(OH)$_2$ 是闪锌矿活化的主要成分。

② 溶液中 Zn 离子的浓度随 pH 值的增加先增后降，pH 值越大，Zn 离子的浓度越低，说明高 pH 值不利于置换活化的发生。

③ 3 种闪锌矿表面的 Cu 离子与溶液中 Zn 离子的比仅在 pH=4 时接近 1：1，此时溶液中的含铜组分主要为 Cu^{2+}，说明 pH=4 时主要发生 Cu^{2+} 的置换活化；Cu 与 Zn 离子比随着 pH 值的增加而增加，但铜的吸附量和置换出的 Zn 离子浓度都在降低，说明碱性条件下主要发生的是吸附活化。

④ 在 pH=2 的强酸和 pH=13 的高碱条件下，Cu 离子的吸附量较低，说明溶液中的 H$^+$ 会对闪锌矿表面产生腐蚀作用，致使已完成置换的 Cu^{2+} 再次溶解到溶液中；随着 pH 值的增大，溶液中的各种羟基络合铜组分增加，降低了其与 Zn 置换的能力，从而导致了较低的铜锌离子比。

⑤ 相同 pH 值条件下，铜离子在普通闪锌矿表面的吸附量最大，其次是载锗闪锌矿表面，而在载铟闪锌矿表面的吸附量最低，说明载铟闪锌矿更不易被活化，结论与浮选试验结果相一致。

综上可知，硫酸铜的活化作用机理复杂，并非单一的置换或吸附。结合 Cu^{2+} 的溶液组分分布可以看出，碱性条件，溶液中的含 Cu 组分为各种羟基络合铜，当 pH>10 之后，溶

液中不含 Cu^{2+}，但吸附量试验表明高碱条件下同样有 Zn 离子被置换出来，说明羟基络合铜可能同样具有置换作用。

5.3 SEM-EDX 分析

闪锌矿通常在碱性条件下使用硫酸铜活化后浮选，而碱性条件下的含铜组分较为复杂，多为各种羟基络合铜，本试验通过扫描电镜及能谱分析观察碱性条件下（pH＝10）络合铜对不同闪锌矿表面元素分布及形貌的影响。

由图 5.2(a)～(c) 可以看出：试验所使用的普通闪锌矿、载锗闪锌矿、载铟闪锌矿均为独立颗粒，不含连生体；能谱也可以看出 3 种闪锌矿几乎不含杂质峰，元素分布未检测到 Cu 和 O 等元素，其他元素与多元素分析结果基本一致；放大后的图 5.2(g) 和（h）可以看出，未活化前闪锌矿表面是比较光滑的。以上说明使用的单矿物纯度较高，表面未被氧化和污染。

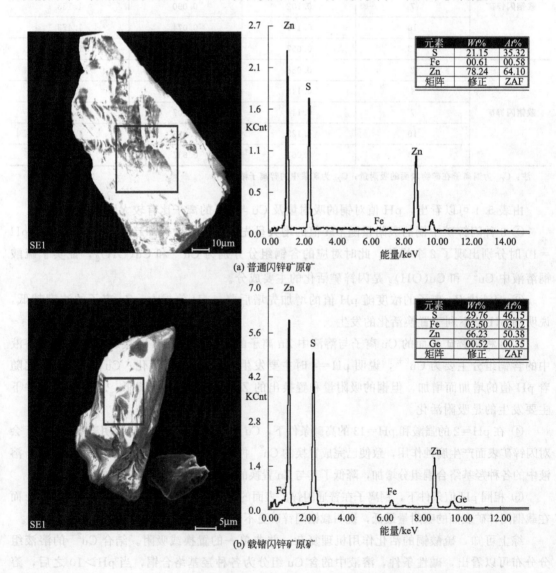

元素	Wt%	At%
S	21.15	35.32
Fe	00.61	00.58
Zn	78.24	64.10
矩阵	修正	ZAF

(a) 普通闪锌矿原矿

元素	Wt%	At%
S	29.76	46.15
Fe	03.50	03.12
Zn	66.23	50.38
Ge	00.52	00.35
矩阵	修正	ZAF

(b) 载锗闪锌矿原矿

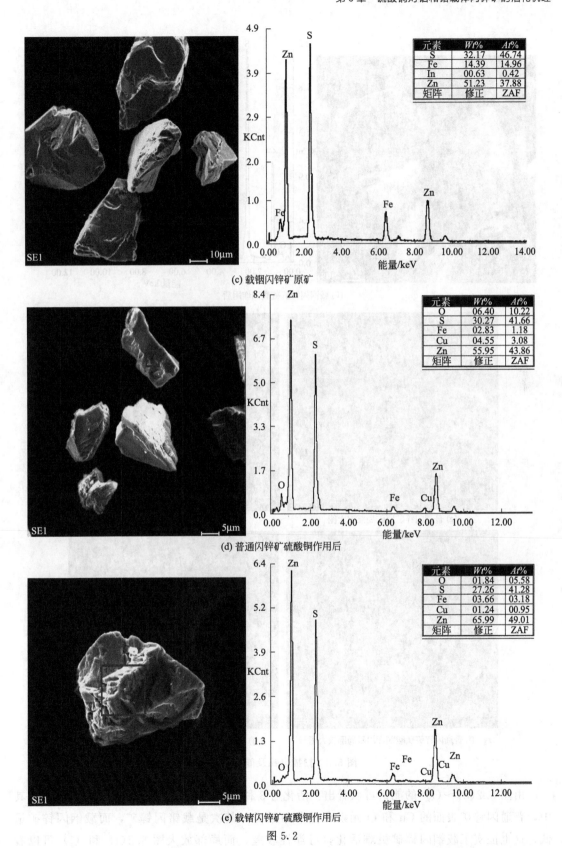

元素	Wt%	At%
S	32.17	46.74
Fe	14.39	14.96
In	00.63	0.42
Zn	51.23	37.88
矩阵	修正	ZAF

(c) 载铟闪锌矿原矿

元素	Wt%	At%
O	06.40	10.22
S	30.27	41.66
Fe	02.83	1.18
Cu	04.55	3.08
Zn	55.95	43.86
矩阵	修正	ZAF

(d) 普通闪锌矿硫酸铜作用后

元素	Wt%	At%
O	01.84	05.58
S	27.26	41.28
Fe	03.66	03.18
Cu	01.24	00.95
Zn	65.99	49.01
矩阵	修正	ZAF

(e) 载锗闪锌矿硫酸铜作用后

图 5.2

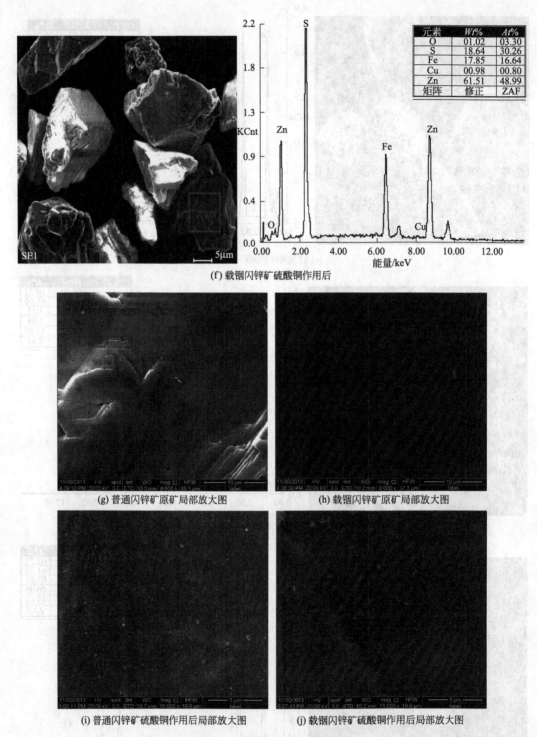

图 5.2 扫描电镜及能谱分析

由图 5.2(d)～(f) 的能谱可以看出：活化后 3 种闪锌矿表面均发现了 Cu 和 O 元素，其中，普通闪锌矿表面的 Cu 和 O 元素含量分布最高，其次是载锗闪锌矿，而载铟闪锌矿最低，这也证实了载铟闪锌矿更难活化，可浮性较差；而局部放大图 5.2(i) 和 (j) 可以看出，原光滑的闪锌矿表面罩盖了一层 $Cu(OH)_2$ 胶体的微细颗粒的物质，试验结果与 S. R. Grano[209] 和 J. Solecki[210] 等研究不谋而合。此外，闪锌矿表面 Cu 与 O 的元素比远远偏离 1:2，证实了硫酸铜在碱性条件下的活化作用并非简单的 $Cu(OH)_2$ 胶体吸附，可能还同时存在置换活化或其他元素的吸附。

5.4　Cu^{2+} 和 $Cu(OH)_2$ 的作用构型

以上试验结果表明，硫酸铜对载铟、载锗闪锌矿和普通闪锌矿的活化机理具有明显的差异，同时可以看出，溶液中的活化组分 Cu^{2+} 和 $Cu(OH)_2$ 可能同时存在置换和吸附的 2 种活化机理。因此，本节通过 materials-studio 6.0 软件模拟计算 Cu^{2+} 和 $Cu(OH)_2$ 在不同闪锌矿表面的替换能和吸附过程，从原子角度揭示 Cu^{2+} 和 $Cu(OH)_2$ 的 2 种活化方式以及 In、Ge 和 Fe 取代对其活化的影响规律。

5.4.1　置换活化作用构型

5.4.1.1　计算方法与模型

构建模型前，首先采用 CASTEP 模块构建含 Cu、Zn、In、Fe 和 Ge 的羟基络合组分 [如 Cu^{2+}、$Cu(OH)_2$] 等的结构，再将其放入一个 15Å×15Å×15Å 的真空晶胞盒子中并采用 BFGS 优化算法优化其结构。

构建替换能模型时，先将 Cu 原子替代 (110) 表面中的 T 位置的 X 原子 (Zn、In、Fe 和 Ge)，然后进行几何优化，并且定义在闪锌矿 (110) 表面 Cu^{2+} 和 $Cu(OH)_2$ 中的 Cu 替换一个原子 X 的替换能计算公式如下：

$$\Delta E_{sub} = E_{slab+Cu}^{tot} + E_Y - E_{slab+X}^{tot} - E_Z$$

其中，$E_{slab+Cu}^{tot}$ 为铜置换后表面的总能量；E_Y 为含 Zn、In、Fe、Ge 组分 [如 Zn^{2+}、$Zn(OH)_2$] 的能量；E_{slab+X}^{tot} 为载铟、载锗、铁闪锌矿或理想闪锌矿表面的总能；E_Z 为 Cu^{2+} 或 $Cu(OH)_2$ 的能量；ΔE_{sub} 为替换能，其值越负说明置换反应越容易进行。

5.4.1.2　置换能

离子与闪锌矿之间的作用通常发生在矿物表面，传统的离子交换理论认为铜离子会自发取代闪锌矿表面的锌原子并释放出等量的锌离子。由于成矿原因的差异，实际闪锌矿的晶格中往往会存在多种杂质元素如 In、Ge、Fe 等。Solecki 等[210] 曾使用人工合成的不同铁含量的闪锌矿（最高质量分数可达 40%）和标有 ^{64}Cu 的硫酸铜进行研究，发现铁含量增加会降低二价铜的吸附。Buckley 等[211] 利用光电子能谱对两种不同铁含量的天然闪锌矿样品进行研究也得出了相同的结论。Boulton 等[212] 认为闪锌矿晶格中铁的存在减少了二价铜与二价锌的交换场所，在低铜浓度下铁含量对最大回收率和浮选速率没有影响。

然而，Gigowski 等[213] 和 Harmer 等[214] 发现，铁含量不同的天然闪锌矿（最高铁含量达 12%），经过铜活化后，高铁闪锌矿会优先吸附黄药。而 Harmer 等使用电子探针、原子力显微镜和光电子光谱对五种不同含铁量的闪锌矿样品进行研究表明：随着样品铁含量增加，表面晶格缺陷的数量和表面氧化速率也会增加，更有助于铜离子的吸附。

由此可见，铜离子对闪锌矿中常见杂质元素 Fe 的置换活化还存在争议，而 In、Ge 等其他元素对铜离子活化的影响研究更少；此外，$Cu(OH)_2$ 作为碱性条件下的主要活化组分是否具有同样的交换作用机理尚不清楚。因此，本节通过量子化学计算对闪锌矿（110）面最表层的取代情况进行了详细计算，以期获得更多的信息，计算结果见表 5.2。

表 5.2　Cu^{2+} 和 $Cu(OH)_2$ 对闪锌矿表面各原子的置换能　　　　单位：eV

组分	置换能			
	Zn	Fe	In	Ge
Cu^{2+}	−5.08	1.52	11.67	−10.56
$Cu(OH)_2$	−1.98	3.71	15.60	−2.40

由表 5.2 可知，Cu^{2+} 取代闪锌矿表面 Zn 的置换能为 −5.08eV，表明 Cu^{2+} 可以自发替换闪锌矿中的锌并释放出锌离子，这也间接从量子化学角度证明了传统的离子交换理论的正确性；Cu^{2+} 取代 Ge 的置换能为 −10.56eV，比取代 Zn 原子时的值更小，说明 Cu^{2+} 更容易与闪锌矿表面的 Ge 发生置换；因此，实际闪锌矿中的杂质元素 Ge 有利于闪锌矿的活化。Cu^{2+} 取代 Fe 和 In 的置换能均为正值，表明 Cu^{2+} 与 Fe 和 In 的置换反应并不是自发进行的，计算结果与 Solecki、Buckley 以及 Boulton[210-212] 等的研究结论基本一致。因此，实际闪锌矿中杂质元素 Fe 和 In 是不利于铜离子的置换活化反应的。$Cu(OH)_2$ 对闪锌矿表面 4 种原子的置换能的规律与 Cu^{2+} 的置换规律一致，可以自发地与 Zn 和 Ge 发生置换，不能自发地与 Fe 和 In 发生置换，区别在于 $Cu(OH)_2$ 的置换能更大，也就是说 $Cu(OH)_2$ 的置换能力比 Cu^{2+} 弱。此外，计算结果从量子化学角度证实了 $Cu(OH)_2$ 同样具有置换活化的能力，这也很好地解释了吸附量试验中碱性条件下为什么同样检测到了锌离子。

5.4.2　吸附活化作用构型

5.4.2.1　计算方法与模型

构建模型前，首先采用 CASTEP 模块构建 Cu^{2+} 和 $Cu(OH)_2$ 的结构，再将其放入一个 15Å×15Å×15Å 的真空晶胞盒子中并采用 BFGS 优化算法优化其结构。

构建吸附能模型时，将优化后的 Cu^{2+} 或 $Cu(OH)_2$ 放入优化好的闪锌矿晶胞表面，模拟其相互作用过程。计算时，忽略体系的自旋极化，自洽过程中体系能量达到平衡后视为收敛。Cu^{2+} 和 $Cu(OH)_2$ 与矿物表面的吸附能（ΔE_{ads}）计算公式如下：

$$\Delta E_{ads} = E_{X+slab}^{tot} - E_{slab}^{tot} - E_X$$

其中，E_{X+slab}^{tot} 是 Cu^{2+} 或 $Cu(OH)_2$ 与锌矿物的表面作用后的总能量；E_{slab}^{tot} 是 Cu^{2+} 或 $Cu(OH)_2$ 吸附前各闪锌矿的总能量；E_X 为 Cu^{2+} 或 $Cu(OH)_2$ 的能量；ΔE_{ads} 为 Cu^{2+} 或 $Cu(OH)_2$ 在锌矿物表面的吸附能，ΔE_{ads} 的值越负说明吸附越容易进行。

5.4.2.2　Cu^{2+} 在闪锌矿表面的吸附机理

（1）吸附构型及吸附能

闪锌矿在破碎的过程中产生新鲜表面时，表层缺少一层原子的贡献。因此，表面的 S 原子和金属原子都具有较高的活性，Cu^{2+} 也具有较高的活性并且带正电荷，因此很容易与闪锌矿表面的 S 原子发生作用。

图 5.3 为 Cu^{2+} 在不同闪锌矿表面的平衡吸附构型，图中标出的数字为相应两原子之间的键长。由图 5.3 可以看出，Cu^{2+} 主要吸附在矿物表面的 S 原子上，Cu 与 S 原子间的键长大小顺序为：Ge 取代（2.190Å）＞理想闪锌矿（2.172Å）＞In 取代（2.157Å）＞Fe 取代（2.125Å），说明 Cu 与 Fe 取代闪锌矿表面的 S 原子键合更为紧密，主要是由于 In、Ge 和 Fe 取代 Zn 原子后对相邻 S 原子的外层电荷的吸附强弱不同，导致了 S 原子表面电荷的偏移，使得 S 原子表现出了不同的电负性，致使 Cu^{2+} 在矿物表面吸附的过程中与 S 原子的吸附强度不同。

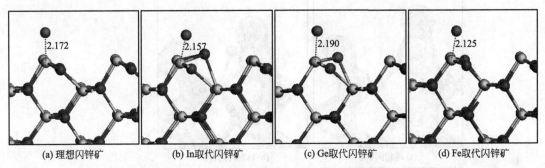

(a) 理想闪锌矿   (b) In取代闪锌矿   (c) Ge取代闪锌矿   (d) Fe取代闪锌矿

图 5.3　Cu^{2+} 在闪锌矿表面（110）面的平衡吸附构型

表 5.3 列出了 Cu^{2+} 吸附前后不同取代类型闪锌矿表面总能、Cu^{2+} 的能量以及各表面对 Cu^{2+} 的平衡吸附能。由表 5.3 可知，Cu^{2+} 在不同闪锌矿表面的平衡吸附能大小顺序为：Fe 取代（－30.54eV）＜In 取代（－30.43eV）＜理想闪锌矿（－29.49eV）＜Ge 取代（－29.32eV），说明 Cu^{2+} 可以自发吸附在 4 种矿物表面，也证实了 Cu^{2+} 存在吸附活化闪锌矿的方式；同时还可以看出 In 和 Fe 取代更有利于闪锌矿表面对 Cu^{2+} 的吸附，Ge 取代不利于 Cu^{2+} 的吸附。

结合 Cu^{2+} 的置换能结果（见表 5.2）可以看出，吸附能远远大于置换能，说明吸附活化更容易发生，但置换活化形成的结构更稳定。因此，Cu^{2+} 活化闪锌矿的过程中可能优先发生吸附活化，随着时间的延长再发生置换活化。

表 5.3　Cu^{2+} 吸附前后的总能及吸附能　　　　　　单位：eV

物质	总能		吸附能（E_{ads}）
	吸附前	吸附后	
Cu	－1446.11	—	—
理想闪锌矿	－47738.43	－49214.03	－29.49
In 取代闪锌矿	－47588.60	－49065.14	－30.43
Ge 取代闪锌矿	－46135.20	－47610.63	－29.32
Fe 取代闪锌矿	－46890.87	－48367.52	－30.54

（2）电荷密度及键的 Mulliken 布居值

电荷密度可以清楚地反映 Cu 与矿物表面 S 原子之间的成键情况。如图 5.4 所示，白色表示电荷密度为零,图中的数字为键的 Mulliken 布居值,布居值越大表明键的共价键越强,越小说明离子间的作用力越强。

由图 5.4 可以看出,Cu 与 4 种闪锌矿表面的 S 原子之间的电子云都有重叠,且布居值都为正值,大小顺序为:In 取代(0.55)>Fe 取代(0.37)>理想闪锌矿(0.36)>Ge 取代(0.27),表明它们之间形成较强的共价键吸附。其中,Cu^{2+} 与 In 取代表面的 S 原子的共价性更强,其次是 Fe 取代表面,而 Ge 取代则降低了闪锌矿表面 Cu 与 S 的共价性,说明 Cu^{2+} 在 In 取代表面的吸附最牢固,其次是 Fe 取代表面,而在 Ge 取代表面吸附的稳定性最差。

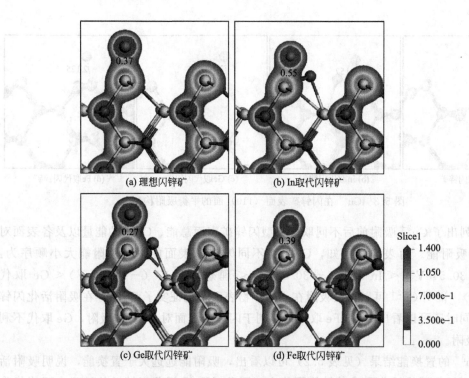

图 5.4 Cu^{2+} 吸附在闪锌矿表面的电荷密度图

(3) Cu^{2+} 吸附前后作用原子的态密度分析

态密度可以分析 Cu^{2+} 与闪锌矿表面 S 原子作用的强弱以及作用原子的态电子贡献情况。图 5.5 为 Cu^{2+} 在 4 种闪锌矿表面吸附前后的 Cu 和 S 原子的态密度。

由图 5.5 可以看出:

① Cu^{2+} 在 4 种闪锌矿表面吸附前,S 原子在费米能级(E_F)附近的态密度均由 3p 轨道贡献,Cu 原子由 3d 和 4s 轨道共同贡献。

② Cu^{2+} 在理想闪锌矿表面吸附后 [图(a)],S 和 Cu 原子的态密度整体向低能方向移动;S 原子的 3p 轨道以及 Cu 原子的 4s 轨道电子的非局域性增强;Cu 4s 和 S 3p 轨道在 -2.3eV 处发生了较强的杂化,出现了明显的杂化峰;Cu 3p 和 S 3p 轨道在费米能级处发生了微弱的杂化,出现了较小的杂化峰。结果表明在理想闪锌矿表面 Cu 的 4s、3p 和 S 的 3p 轨道是主要参与作用的轨道。

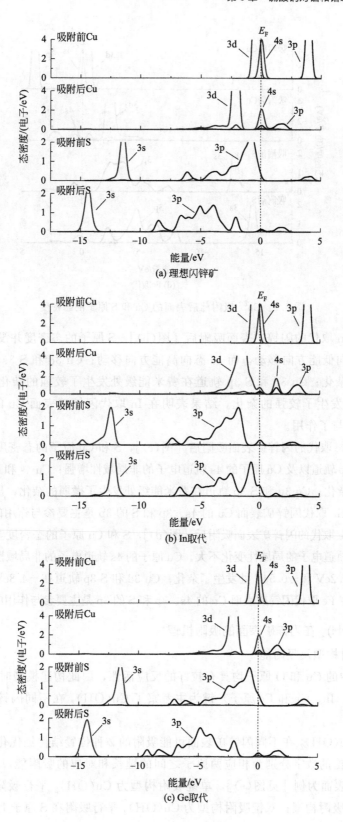

图 5.5

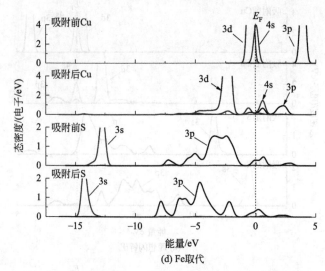

图 5.5 Cu^{2+} 吸附前后表面的 Cu 和 S 原子的态密度

③ Cu^{2+} 在 In 取代的闪锌矿表面吸附后［图(b)］，S 原子的态密度并没有发生明显的偏移，Cu 的 3d 态向低能方向移动，而 4s 态向高能方向移动；Cu 3d 和 S 3s 轨道在 $-12.3eV$ 处发生了微弱的杂化；Cu 3d 和 S 3p 轨道在费米能级处发生了较强的杂化；Cu 3p 和 S 3p 轨道在 1.3eV 处发生了较强的杂化。结果表明在 In 取代闪锌矿表面 Cu 的 4s、3d 和 S 的 3p、3s 轨道都参与了作用。

④ Cu^{2+} 在 Ge 取代的闪锌矿表面吸附后［图(c)］，S 和 Cu 原子的态密度整体向低能方向移动；S 原子的 3p 轨道以及 Cu 原子的 4s 轨道电子的非局域性增强；Cu 4s 和 S 3p 轨道在 $-2eV$ 处发生了微弱的杂化；Cu 3p 和 S 3p 轨道在费米能级处发生了微弱的杂化，出现了较小的杂化峰。结果表明在 Ge 取代闪锌矿表面 Cu 的 4s、3p 和 S 的 3p 是主要参与作用的轨道。

⑤ Cu^{2+} 在 Fe 取代的闪锌矿表面吸附后［图(d)］，S 和 Cu 原子的态密度整体向低能方向移动；S 原子的 3p 轨道电子的局域性变化不大，Cu 原子的 4s 轨道电子的非局域性增强；Cu 4s 和 3p 轨道分别在 $-2.2eV$ 和 $-0.5eV$ 处发生了杂化；Cu 3d 和 S 3p 轨道在 $-4.8eV$ 处发生了微弱的杂化。结果表明在 Fe 取代闪锌矿表面 Cu 的 4s、3p 和 S 的 3p 是主要参与作用的轨道。

5.4.2.3　$Cu(OH)_2$ 在闪锌矿表面的吸附机理

5.4.2.3.1　吸附构型及吸附能

$Cu(OH)_2$ 中的 Cu 和 O 原子均具有较好的反应活性，因此构建模型时，以 Cu—S 键和 O—X（X 为 Zn、In、Ge 和 Fe 原子）键为主考察了 $Cu(OH)_2$ 在不同闪锌矿表面不同方位的吸附构型。

图 5.6 为 $Cu(OH)_2$ 在不同闪锌矿表面可能吸附的 2 种位置结构经优化后得到的平衡吸附构型，图中标出的数字分别为相应两原子之间的键长和对应的吸附能，单位分别为 Å 和 eV。以 Ge 取代表面为例［见图(e)］，单键吸附构型为 $Cu(OH)_2$ 平行吸附在 S 原子上，O 原子对着空穴的吸附构型；双键吸附构型为 $Cu(OH)_2$ 平行吸附在 S 原子上，但 O 原子对着金属原子的吸附构型。

由图 5.6 可以看出：

① Cu(OH)$_2$ 在 4 种闪锌矿表面的 2 种吸附平衡能均为负值，说明 Cu(OH)$_2$ 可以自发吸附在 4 种矿物表面，再次证实了 Cu(OH)$_2$ 的吸附活化方式；

② Cu(OH)$_2$ 双键吸附的吸附能小于单键吸附的吸附能，说明 Cu(OH)$_2$ 在吸附的过程中更容易形成 Cu—S 和 O—X 键的双键吸附；

③ 双键吸附构型中，Cu(OH)$_2$ 的吸附能大小顺序为：Ge 取代（−2.36eV）＞理想闪锌矿（−2.38eV）＞In 取代（−2.86eV）＞Fe 取代（−3.17eV），说明 In 和 Fe 取代增强了闪锌矿表面对 Cu(OH)$_2$ 的吸附，Ge 取代则减弱了对 Cu(OH)$_2$ 的吸附。

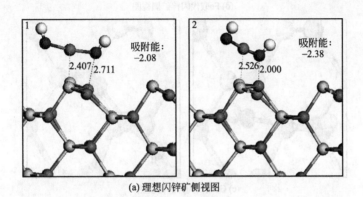

(a) 理想闪锌矿侧视图

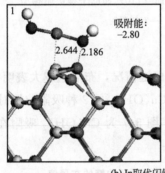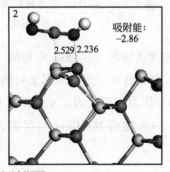

(b) In取代闪锌矿侧视图

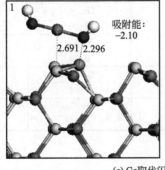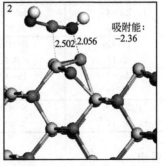

(c) Ge取代闪锌矿侧视图

图 5.6

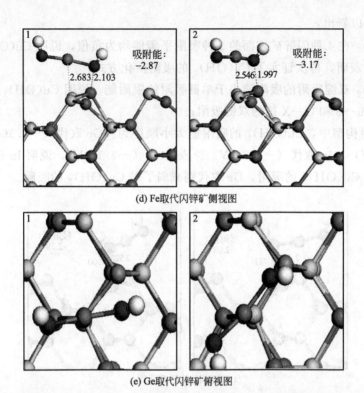

(d) Fe取代闪锌矿侧视图

(e) Ge取代闪锌矿俯视图

图 5.6　Cu(OH)$_2$ 在闪锌矿表面（110）面的平衡吸附构型

1—单键吸附；2—双键吸附

5.4.2.3.2　电荷密度及键的 Mulliken 布居值

键的 Mulliken 布居值可以反映出原子间的成键情况，布居值越大表明键的共价性越强，越小说明离子间的作用力越强。表 5.4 列出了 Cu(OH)$_2$ 的 2 种吸附位置时 O—X（X 为 In、Ge、Fe 和 Zn）和 S-Cu 键的 Mulliken 布居值。图 5.7 为 Cu(OH)$_2$ 吸附在闪锌矿表面的电荷密度图。

表 5.4　Cu(OH)$_2$ 吸附后作用原子的键的布居值

吸附位置	理想闪锌矿	In 取代闪锌矿	Ge 取代闪锌矿	Fe 取代闪锌矿
单键吸附	Zn—O	In—O	Ge—O	Fe—O
	0.04	0.30	0.00	0.40
	S—Cu	S—Cu	S—Cu	S—Cu
	0.13	−0.02	0.03	0.02
双键吸附	Zn—O	In—O	Ge—O	Fe—O
	0.33	0.27	0.04	0.41
	S—Cu	S—Cu	S—Cu	S—Cu
	0.17	0.01	0.13	0.03

由表 5.4 可以看出：

① 在理想闪锌矿表面，2 种位置的 O—Zn 和 S—Cu 键的 Mulliken 布居值均为正值，表明它们之间形成了共价键，其中双键吸附时布居值更大，说明 Cu(OH)$_2$ 双键吸附的吸附更稳定。

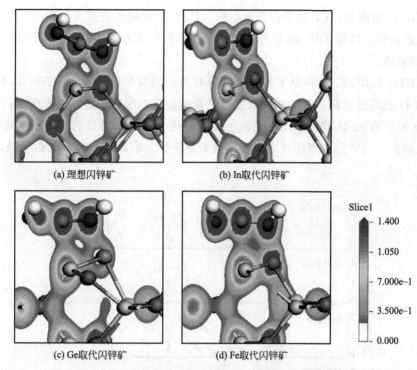

(a) 理想闪锌矿　　　　　　　　　(b) In取代闪锌矿

(c) Ge取代闪锌矿　　　　　　　　(d) Fe取代闪锌矿

Slice1
- 1.400
- 1.050
- 7.000e-1
- 3.500e-1
- 0.000

图 5.7　$Cu(OH)_2$ 吸附在闪锌矿表面的电荷密度图

② 在 In 取代闪锌矿表面，单键吸附 O—In 键的布居值为正值（0.30），而 S—Cu 键的布居值为负值（-0.02），说明 O—In 键为较强的共价键，而 S—Cu 键可能为较弱的离子键；双键吸附的 O—Zn 和 S—Cu 键的布居值均为正值，表明它们均是较为稳定的共价键。

③ 在 Ge 取代闪锌矿表面，单键吸附 O—Ge 和 S—Cu 键的布居值都较小，接近零，说明它们的成键都很弱；双键吸附的 2 个键的布居值都有了提高且都为正值，表明它们的共价性得到了增强，吸附更为稳定。

④ 在 Fe 取代闪锌矿表面，双键吸附的 O—Fe 和 S—Cu 键的布居值较单键吸附有了微弱的提高且都为正值，表明它们的共价性得到了增强，吸附更为稳定。

综上可以看出，$Cu(OH)_2$ 更容易发生双键吸附且吸附更为稳定，因此，以下研究将选取 $Cu(OH)_2$ 双键吸附为研究对象，通过电荷密度来观察其成键情况。如图 5.7 所示，可以看出 O 与 X（X 为 In、Ge、Fe 和 Zn）、S 与 Cu 原子间的电子云都有重叠且布居值都为正，表明它们之间形成较强的共价键，其中除 Ge 取代闪锌矿外，其他 3 种矿物表面的 S 与 Cu 原子间的电子云重叠均较弱，不如 O 与 X（X 为 In、Fe 和 Zn）的电子云重叠强，说明 S—Cu 成键较弱，$Cu(OH)_2$ 在 In、Fe 取代及理想闪锌矿的吸附以 O—X（X 为 In、Fe 和 Zn）键为主。而在 Ge 取代闪锌矿表面则相反，以 S—Cu 键为主。电荷密度与键的布居值结论相一致。

5.4.2.3.3　$Cu(OH)_2$ 吸附前后作用原子的态密度分析

（1）理想闪锌矿表面的 S、Cu、O 和 Zn 原子的态密度分析

图 5.8 为 $Cu(OH)_2$ 吸附前后理想闪锌矿表面的 Cu、S、O 和 Zn 原子的态密度。可以看出：

① Cu(OH)$_2$ 吸附前，Cu 原子在费米能级（E_F）附近的态密度主要由 3d 轨道贡献，S 原子由 3p 轨道贡献，O 原子由 2p 轨道贡献，Zn 原子在费米能级（E_F）附近的态密度较弱，非局域性较强。

② Cu(OH)$_2$ 吸附后，4 种原子的态密度没有发生明显的移动；S 原子的 3p 轨道与 Cu 原子的 3d 和 4s 轨道分别在 $-7eV$ 和费米能级处发生杂化，形成了新的态密度峰；O 原子的 2p 轨道与 Zn 原子的 3d 轨道在 $-7eV$ 处发生强烈杂化，形成了明显的新态密度峰，此外 O 原子的 2p 轨道在 $-5eV$ 到费米能级之间变得宽大而连续，非局域性增强，说明吸附后 O 原子活性变弱。

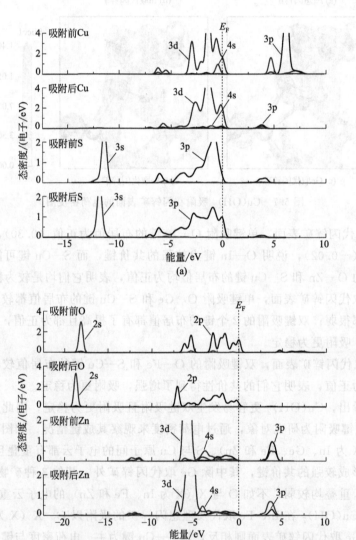

图 5.8　Cu(OH)$_2$ 吸附前后理想闪锌矿表面的 Cu、S、O 和 Zn 原子的态密度

（2）In 取代闪锌矿表面的 S、Cu、O 和 In 原子的态密度分析

图 5.9 为 Cu(OH)$_2$ 吸附前后 In 取代闪锌矿表面的 Cu、S、O 和 In 原子的态密度。

由图 5.9 可以看出：

① Cu(OH)₂ 吸附前，Cu 原子在费米能级（E_F）附近的态密度主要由 3d 轨道贡献，S 原子由 3p 轨道贡献，O 原子由 2p 轨道贡献，In 原子由 5s 和 5p 轨道共同贡献。

② Cu(OH)₂ 吸附后，O 原子的态密度向低能方向移动，Cu、S 和 In 原子的态密度没有发生明显的移动；S 原子的 3p 轨道与 Cu 原子的 4s 轨道在 -1eV 处发生微弱杂化，形成了新的小态密度峰；O 原子的 2p 轨道与 In 原子的 4d 轨道在 -20eV 处发生杂化，形成了微弱的新态密度峰；此外高能方向的 Cu 原子的 3p 和 4s 轨道的态密度峰极度减弱，而费米能级处的 4s 轨道得到增强，说明 Cu(OH)₂ 吸附的过程中 Cu 原子除了与 S 原子形成杂化外还引起了电荷的自我转移。

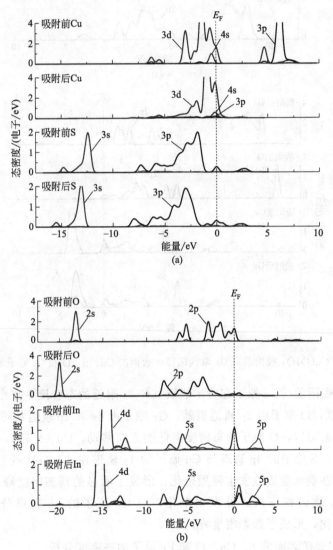

图 5.9　Cu(OH)₂ 吸附前后 In 取代闪锌矿表面的 Cu、S、O 和 In 原子的态密度

（3）Ge 取代闪锌矿表面的 S、Cu、O 和 Ge 原子的态密度分析

图 5.10 为 Cu(OH)₂ 吸附前后 Ge 取代闪锌矿表面的 Cu、S、O 和 Ge 原子的态密度。由图 5.10 可以看出：

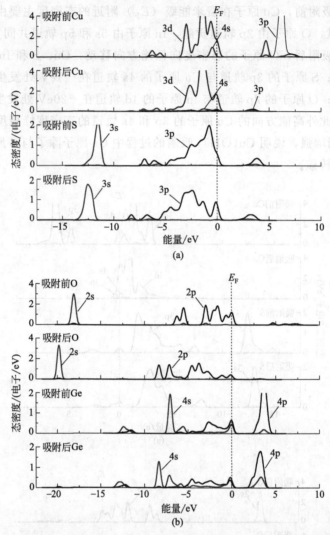

图 5.10　Cu(OH)₂ 吸附前后 Ge 取代闪锌矿表面的 Cu、S、O 和 Ge 原子的态密度

① Cu(OH)₂ 吸附前，Cu 原子在费米能级（E_F）附近的态密度主要由 3d 轨道贡献，S 原子由 3p 轨道贡献，O 原子由 2p 轨道贡献，Ge 原子由 4s 和 4p 轨道共同贡献。

② Cu(OH)₂ 吸附后，O 原子的态密度向低能方向移动，Cu、S 和 Ge 原子的态密度没有发生明显的移动；S 原子的 3p 轨道与 Cu 原子的 4s 轨道在 −1.3eV 处发生微弱杂化，与 Cu 原子的 3d 轨道在费米能级处发生强烈杂化，形成了明显的新态密度峰；O 原子的 2p 轨道与 Ge 原子的 4s 轨道在 −6eV 处发生杂化，与 Ge 原子的 4p 轨道分别在 −3.8eV 和 −4.5eV 处发生杂化，形成了新态密度峰。

（4）Fe 取代闪锌矿表面的 S、Cu、O 和 Fe 原子的态密度分析

图 5.11 为 Cu(OH)₂ 吸附前后 Fe 取代闪锌矿表面的 Cu、S、O 和 Fe 原子的态密度。

由图 5.11 可以看出：

① Cu(OH)₂ 吸附前，Cu 原子在费米能级（E_F）附近的态密度主要由 3d 轨道贡献，S 原子由 3p 轨道贡献，O 原子由 2p 轨道贡献，Fe 原子由 4s、3d 和 3p 轨道共同贡献。

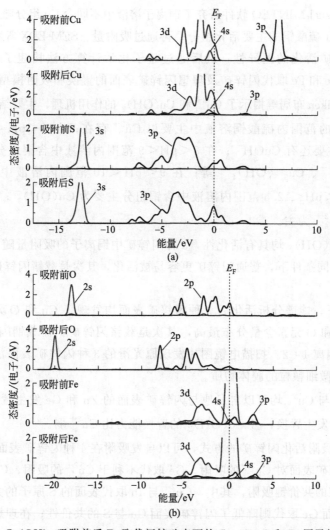

图 5.11　Cu(OH)$_2$ 吸附前后 Fe 取代闪锌矿表面的 Cu、S、O 和 Fe 原子的态密度

②Cu(OH)$_2$ 吸附后，O 原子的态密度向低能方向移动，Cu、S 和 Fe 原子的态密度没有发生明显的移动；S 原子的 3p 轨道与 Cu 原子的 3d 轨道分别在 $-8eV$ 和 $-1.3eV$ 处发生杂化，形成了明显的新态密度峰；O 原子的 2p 轨道与 Fe 原子的 3d 轨道分别在 $-5eV$ 和 $-8eV$ 处发生杂化。

综上可以看出，Cu(OH)$_2$ 在理想闪锌矿表面吸附时，S 3p、Cu 3d、Cu 4s、O 2p 和 Zn 3d 轨道是主要参与作用的轨道；在 In 取代闪锌矿表面，S 3p、Cu 4s、O 2p 和 In 4d 轨道是主要参与作用的轨道；在 Ge 取代闪锌矿表面，S 3p、Cu 4s、Cu 3d、O 2p、Ge 4s 和 4p 轨道是主要参与作用的轨道；在 Fe 取代闪锌矿表面，S 3p、Cu 3d、O 2p 和 Fe 3d 轨道是主要参与作用的轨道。

5.5　本章小结

活化剂是影响闪锌矿浮选的重要因素之一，在实际生产过程中，硫酸铜是最常用的活化剂。本章先采用 Visual MINTEQ 软件研究了铜离子溶液中不同含 Cu 组分随 pH 值的变化趋势及分布规律，弄清了硫酸铜的主要活化组分；再通过吸附量、SEM-EDX 等考察了载铟、载锗闪锌矿与普通闪锌矿活化的差异性；最后通过量子化学计算方法构建了活化组分 Cu^{2+} 和 $Cu(OH)_2$ 在 In、Ge 和 Fe 取代闪锌矿及理想闪锌矿表面的置换和吸附模型，并通过吸附能、态密度和键的 Mulliken 布居等揭示了 Cu^{2+} 和 $Cu(OH)_2$ 的作用机理，主要结论如下：

① 在 pH<4 的范围内硫酸铜溶液中主要以 Cu^{2+} 存在；在 4<pH<8 范围内，除了 Cu^{2+} 外，溶液中主要还有 $CuOH^+$；在 8<pH<9 范围内溶液中含铜组分复杂，有 Cu^{2+}、$Cu(OH)_2$、$CuOH^+$、$Cu_3(OH)_4^{2+}$ 等；在 9<pH<10 范围内溶液中含铜组分主要为 $Cu(OH)_2$；在 10<pH<12.5 范围内溶液中含铜组分主要为 $Cu(OH)_3^-$；当 pH>12.5 时，溶液中以 $Cu(OH)_4^{2-}$ 为主。

② Cu^{2+} 和 $Cu(OH)_2$ 均具有活化性，3 种闪锌矿中铜离子的吸附量随 pH 的增大而先增后降再增再降，相同条件下，普通闪锌矿更容易被活化，其次是载锗闪锌矿，而载铟闪锌矿不易被活化。

③ 碱性条件下，能谱分析活化后 3 种闪锌矿表面均发现了 Cu 和 O 元素，其中，普通闪锌矿表面的 Cu 和 O 元素含量分布最高，其次是载锗闪锌矿，而载铟闪锌矿最低，而 Cu 与 O 元素比远远偏离 1∶2。扫描电镜图片发现原光滑的 3 种闪锌矿表面活化后会罩盖一层疑似 $Cu(OH)_2$ 的微细颗粒的胶体物质。

④ $Cu(OH)_2$ 与 Cu^{2+} 均可以自发地与闪锌矿表面的 Zn 和 Ge 发生置换而活化闪锌矿，但不能与 Fe 和 In 发生置换，且 $Cu(OH)_2$ 的置换能力比 Cu^{2+} 弱。

⑤ Cu^{2+} 存在吸附活化闪锌矿的方式，可以自发吸附在 4 种闪锌矿表面，其中，In 和 Fe 取代更有利于闪锌矿表面对 Cu^{2+} 的吸附，Ge 取代不利于 Cu^{2+} 的吸附；Cu^{2+} 与 4 种闪锌矿表面的 S 形成稳定的共价键吸附，其中，Cu^{2+} 与 In 取代表面的 S 原子的共价性更强，其次是 Fe 取代表面，而 Ge 取代则降低了闪锌矿表面 Cu 与 S 的共价性；在理想闪锌矿表面，Cu 的 4s、3p 和 S 的 3p 轨道是主要参与作用的轨道；在 In 取代闪锌矿表面，Cu 的 4s、3d 和 S 的 3p、3s 轨道都参与了作用；在 Ge 取代闪锌矿表面，Cu 的 4s、3p 和 S 的 3p 是主要参与作用的轨道；在 Fe 取代闪锌矿表面，Cu 的 4s、3p 和 S 的 3p 是主要参与作用的轨道。

⑥ $Cu(OH)_2$ 同样存在吸附活化闪锌矿的方式，更容易与矿物表面形成 Cu—S 和 O—X 键的双键吸附；双键吸附构型中，$Cu(OH)_2$ 的吸附能大小顺序为：Ge 取代（−2.36eV）>理想闪锌矿（−2.38eV）>In 取代（−2.86eV）>Fe 取代（−3.17eV），说明 In 和 Fe 取代增强了闪锌矿表面对 $Cu(OH)_2$ 的吸附，Ge 取代则减弱了对 $Cu(OH)_2$ 的吸附；O 与 X（X 为 In、Ge、Fe 和 Zn）、S 与 Cu 原子间的电子云都有重叠且布居值都为正，表明它们之间形成较强的共价键，但 $Cu(OH)_2$ 在 In、Fe 取代及理想闪锌矿的吸附中 O—X（X 为 In、Fe 和 Zn）键更强，而在 Ge 取代闪锌矿表面则相反，S—Cu 键更强；$Cu(OH)_2$ 在理想闪锌矿表面吸附时，S 3p、Cu 3d、Cu 4s、O 2p 轨道和 Zn 3d 轨道是主要参与作用的轨道；在 In 取代闪锌矿表面，S 3p、Cu 4s、O 2p 和 In 4d 轨道是主要参与作用的轨道；在 Ge 取代闪锌矿表面，S 3p、Cu 4s、Cu 3d、O 2p、Ge 4s 和 4p 轨道是主要参与作用的轨道；在 Fe 取代闪锌矿表面，S 3p、Cu 3d、O 2p 和 Fe 3d 轨道是主要参与作用的轨道。

第 6 章
捕收剂在铟和锗载体闪锌矿表面的吸附机理

　　捕收剂能选择性地作用于矿物表面，通过提高矿物的疏水性，使矿粒能更牢固地附着于气泡而上浮。按照捕收剂的分子结构，可将捕收剂分为异极性捕收剂、非极性油类捕收剂和两性捕收剂等三类。

　　黄药、黑药、硫氮是常用的硫化矿捕收剂，属异极性捕收剂，同时具有极性基和非极性基。极性基主要决定捕收剂的价键因素，极性基中并非全部的原子价都饱和，因而有剩余亲和力，决定了极性基的作用活性，能与矿物表面作用固着在矿物表面上，故也叫亲固基；非极性基对捕收剂的性能有多方面的影响，其组成和结构决定药剂在矿浆中的溶解分散能力，它的电子效应（诱导效应和共轭效应）间接影响极性基键合原子的配位能力，进而影响药剂在矿物表面吸收的牢固程度，它的体积大小还影响药剂向矿物表面的接近，最重要的是它的结构和大小决定了药剂是否有足够的疏水能力使浮选得以发生。通常，非极性基烃链太短，药剂的疏水能力不够，不能使矿物表面疏水化而浮选；链太长，药剂不能很好地在矿浆中溶解，也影响选矿效果。因此，对不同的矿物，存在一个链长最适合的药剂使选矿效果最佳。

　　在实际生产中，黄药、黑药、硫氮均是闪锌矿浮选的常用捕收剂，传统的理论研究大多基于化学反应层次，对于捕收剂在闪锌矿表面的作用机理多为宏观上的解释或假说[215-219]，具有明显的局限性，忽略了原子、分子等层面上的研究。此外，前人的研究对象多为普通的闪锌矿或铁闪锌矿，而载铟和载锗闪锌矿是特殊的闪锌矿，其与捕收剂的作用机理必然有别于普通闪锌矿。

　　因此，本章通过量子化学计算从原子、分子等微观角度研究不同捕收剂分子在闪锌矿表面的吸附状态、反应特征等，构建了捕收剂分子与矿物表面作用模型，并通过吸附能、态密度、电荷密度等深入分析，揭示闪锌矿中 In、Ge 和 Fe 的晶格取代对捕收剂吸附的影响规律，为稀散金属铟和锗载体锌矿物的高效回收奠定理论基础。

6.1 计算方法与模型

构建模型前，首先采用 CASTEP 模块构建捕收剂分子的结构，再将其放入一个 15Å× 15Å×15Å 的真空晶胞盒子中并采用 BFGS 优化算法优化其结构。

构建吸附能模型时，将优化后的捕收剂分子放入优化好的闪锌矿晶胞表面，模拟其相互作用过程。计算时，忽略体系的自旋极化，自洽过程中体系能量达到平衡后视为收敛。捕收剂与矿物表面的吸附能（ΔE_{ads}）计算公式如下：

$$\Delta E_{ads} = E^{tot}_{X+slab} - E^{tot}_{slab} - E_X$$

其中，E^{tot}_{X+slab} 是捕收剂分子与锌矿物的表面作用后的总能量；E^{tot}_{slab} 是捕收剂分子吸附前各闪锌矿的总能量；E_X 为捕收剂分子的能量；ΔE_{ads} 为捕收剂分子在锌矿物表面的吸附能，ΔE_{ads} 的值越负说明吸附越容易进行。

6.2 黄药在闪锌矿表面的吸附

6.2.1 黄药分子结构

6.2.1.1 结构特征

黄药是各种黄原酸盐的总称，是一种无色或浅黄色有刺激性气味的粉末或颗粒，能溶于水及酒精中，能与多种金属离子形成难溶化合物，是闪锌矿最重要的捕收剂之一。随着黄药分子中的碳链增加，其捕收能力增强，但选择性却降低。通常，在闪锌矿的浮选过程中常使用丁黄药或乙黄药作为捕收剂，然而，碳链长度在量子化学模拟体系中对结果的影响不大，因此，本章中捕收剂分子中的碳链均设计为甲基。

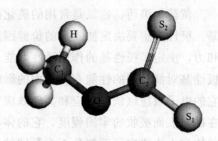

图 6.1 为优化后的甲基黄药结构，由图可知甲基黄药中 C—H 键、C_1—O 键、O—C_2 键、C_2—S_2 键以及 C_2—S_1 键的键长分别为 1.098Å、1.452Å、1.338Å、1.677Å 和 1.671Å。C_1—O—C_2 的夹角为

图 6.1 甲基黄药的结构

118.929°，O—C_2—S_2 的夹角为 127.476°，S_2—C_2—S_1 的夹角为 111.694°，其中 C_2 与 S_2 原子形成双键，与 S_1 原子形成单键，S_1 原子为主要的作用原子。

6.2.1.2 态密度

黄药分子中的 S_1 原子与闪锌矿表面的金属原子主要通过电子的转移、偏移等作用而发生键合使黄药吸附在矿物表面，因此考察了甲基黄药中各原子及作用原子的电子态密度贡献及分布情况。

图 6.2 为甲基黄药中各原子及作用原子 S_1 的电子态密度分布情况。由图可知，各原子的价电子对黄药的态密度都有贡献，价带中 C、O 和 S 原子的 s 和 p 轨道电子都存在一定的杂化，导带主要由 C、O 和 S 原子的 p 轨道电子以及 C 和 H 原子的 s 轨道电子杂化而成，各原子间都有一定的交互作用。因此，黄药能够稳定存在；费米能级处主要由 S 原子的 3p 轨道电子贡献，表明在黄药分子中 S 原子具有较高的反应活性，是黄药与矿物发生作用的主要原子。

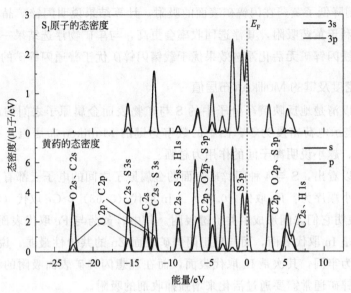

图 6.2　甲基黄药的态密度

6.2.2　铟、锗和铁取代对黄药吸附的影响

6.2.2.1　黄药在闪锌矿表面的吸附构型及吸附能

图 6.3 为黄药在不同闪锌矿表面的平衡吸附构型，图中标出的数字为相应两原子之间的键长及黄药的吸附能，单位分别为 Å 和 eV。

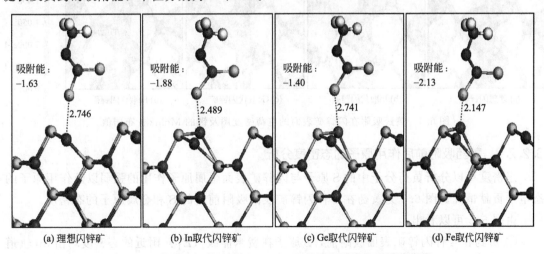

图 6.3　黄药在闪锌矿表面（110）面的平衡吸附构型及吸附能

由图 6.3 可以看出，黄药主要通过硫原子与闪锌矿表面的金属原子作用而吸附在矿物表面，由于金属原子间存在电负性差异，因此 S 与不同金属原子间的作用键长不同，其中，S—Zn 和 S—Fe 分别为最长和最短的作用键长。

黄药在不同闪锌矿表面的平衡吸附能大小顺序为：Fe 取代（-2.13eV）＜In 取代（-1.88eV）＜理想闪锌矿（-1.63eV）＜Ge 取代（-1.40eV），吸附能均为负值，说明黄药可以自发吸附在 4 种矿物表面，其中 Fe 和 In 取代是更有利于黄药在闪锌矿表面的吸附，而 Ge 取代则降低了黄药在闪锌矿表面的吸附。计算结果说明闪锌矿晶格中 Fe 和 In 杂质含量越高越有利于黄药吸附，其浮选回收率会更高，与单矿物浮选结果一致，这也是丁黄药体系下，载铟铁闪锌矿无活化浮选效果优于载锗闪锌矿优于普通闪锌矿的主要原因。

6.2.2.2 电荷密度及键的 Mulliken 布居值

电荷密度可以清楚地反映黄药分子中的 S 与矿物表面金属原子之间的成键情况。如图 6.4 所示，白色表示电荷密度为零，图中的数字为键的 Mulliken 布居值，布居值越大表明键的共价键越强，越小说明离子间的作用力越强。

由图 6.4 可以看出，S 与 4 种闪锌矿表面的金属原子之间的电子云都有重叠，且布居值都为正值，其大小顺序为：Fe 取代（0.71）＞In 取代（0.63）＞Ge 取代（0.20）＞理想闪锌矿（0.13），表明它们之间形成了共价键吸附。其中，黄药与 Fe 取代表面的 Fe 原子的共价性更强，其次是 In 取代表面，而与理想闪锌矿表面 Zn 的共价性最弱，说明黄药在 Fe 取代表面的吸附最为牢固，其次是 In 取代表面，而在理想闪锌矿表面吸附的稳定性最差，易脱落。因此，闪锌矿通常需要通过活化来增强捕收剂的吸附。

(a) 理想闪锌矿　　　(b) In取代闪锌矿　　　(c) Ge取代闪锌矿　　　(d) Fe取代闪锌矿

图 6.4　黄药吸附在闪锌矿表面的电荷密度图及键的 Mulliken 布居值

6.2.2.3 黄药吸附前后作用原子的态密度分析

态密度可以分析黄药分子中的 S 原子与闪锌矿表面金属原子作用的强弱以及作用原子的态电子贡献情况。图 6.5 为黄药在 4 种闪锌矿表面吸附前后的 S 和金属原子的态密度。

由图 6.5 可以看出：

① 黄药在 4 种闪锌矿表面吸附前，S 原子在费米能级（E_F）附近的态密度均由 3p 轨道贡献，Zn 原子由 3d 和 4s 轨道共同贡献，In 原子由 5s 和 5p 轨道贡献，Ge 原子由 4s 和 4p

轨道贡献，Fe 原子由 4s、3p 和 3d 轨道贡献。

② 黄药在理想闪锌矿表面吸附后［图（a）］，S 和 Zn 原子的态密度整体偏移并不明显；S 原子的 3p 轨道在费米能级附近由吸附前的 2 个态密度峰变为一个连续分布的态密度峰，在 +5eV 附近的导带的态密度峰减弱，深部价带的态密度峰变化不明显；Zn 原子的 3p 轨道态密度在 +4eV 处减弱，3d 轨道变化不明显，4s 轨道态密度在 -4.5eV 附近与 S 原子的 3p 轨道杂化出现了新的态密度峰，但并非最强态密度轨道峰之间的杂化，因此其相互作用较弱，这也是黄药在理想闪锌矿表面吸附稳定性较差的主要原因。

③ 黄药在 In 取代的闪锌矿表面吸附后［图（b）］，S 原子的 3p 轨道在费米能级附近由吸附前的 2 个峰变为一个连续分布的态密度峰，在 +5eV 附近的导带的态密度峰减弱；In 原子费米能级附近的 5s 轨道态密度向高能方向偏移，5p 轨道的态密度峰减弱，非局域性增加，反应活性降低；S 与 In 原子发生多处轨道杂化，其中 S 3p 轨道与 In 5s、5p 轨道分别在 -8.7eV、-4eV 附近，S 3s 轨道与 In 4d 轨道在 -13eV 附近发生杂化，出现了明显的新态密度峰，说明它们之间有较强的交互作用，这也是黄药在 In 取代闪锌矿表面吸附较为牢固的主要原因。

④ 黄药在 Ge 取代的闪锌矿表面吸附后［图（c）］，S 原子的 3p 轨道在费米能级附近的态密度峰变为宽大而连续分布的态密度峰，且态密度峰减弱；Ge 原子的态密度整体向低能方向偏移，费米能级附近的 4s 和 4p 轨道态密度峰减弱，说明 Ge 原子的非局域性增加，反应活性降低；S 3p 轨道与 Ge 4s、4p 轨道分别在 -9eV、-8eV 附近，S 3s 轨道与 Ge 4p 轨道在 -7eV 附近发生杂化，出现了明显的新态密度峰，但其杂化强度较弱且远离费米能级，因此其交互作用相对较弱，但比 S 与 Zn 之间的交互作用强。

⑤ 黄药在 Fe 取代的闪锌矿表面吸附后［图（d）］，S 原子的 3p 轨道在费米能级附近的态密度峰变为宽大而连续分布的态密度峰，且态密度峰减弱；Fe 原子的态密度偏移不明显，费米能级附近处的 3d 轨道态密度峰为宽大而连续分布的态密度峰，4s 轨道态密度峰减弱，说明 Fe 原子的非局域性增加，反应活性降低；S 3p 轨道与 Fe 3d 轨道分别在 -9eV、-7.5eV 和 -4.8eV 等附近发生多次杂化，因此其交互作用更强。

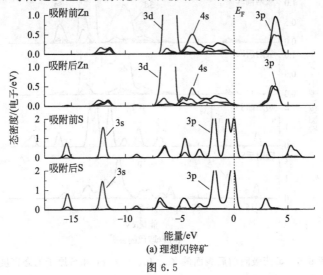

(a) 理想闪锌矿

图 6.5

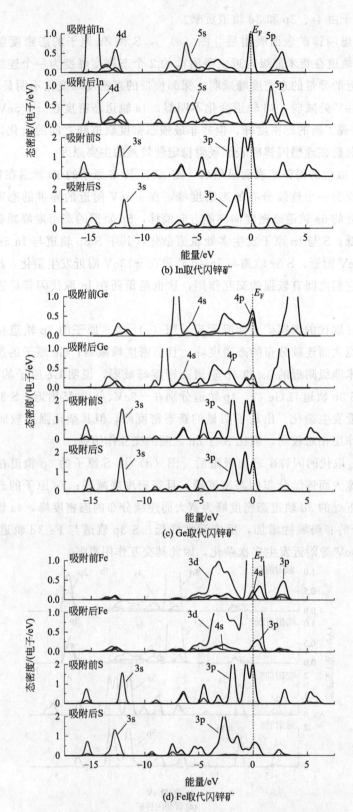

图 6.5　黄药吸附前后表面的 Zn、In、Ge、Fe 和 S 原子的态密度

6.3　黑药在闪锌矿表面的吸附

6.3.1　黑药分子结构

6.3.1.1　结构特征

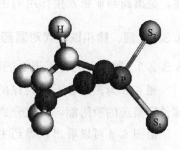

黑药，化学名称为二烃基二硫代磷酸（盐），由醇或酚与五硫化二磷反应制作而成，白色至灰白色粉末，无味，在空气中易潮解，易溶于水，化学性质稳定，在硫化矿的浮选中应用已久，其用途之广仅次于黄药，是有色金属硫化矿的优良捕收剂，兼有一定起泡性，对铜、铅、银及活化了的锌硫化矿以及难选多金属矿有特殊的分选效果。它在弱碱性矿浆中对黄铁矿和磁黄铁矿的捕收性能较弱，而对方铅矿和闪锌矿的捕收能力较强，因此也是闪锌矿浮选常用的捕收剂之一。

图 6.6　甲基黑药的分子结构

图 6.6 为优化后的甲基黑药结构。由图可知甲基黑药中 C—H 键、C—O 键、O_1—P 键、O_2—P 键、P—S_2 键以及 P—S_1 键的键长分别为 1.101Å、1.456Å、1.578Å、1.591Å、1.969Å 和 1.952Å。C—O_1—P 的夹角为 137.308°，O_1—P—O_2 的夹角为 107.818°，O_2—P—S_2 的夹角为 106.023°，O_2—P—S_1 的夹角为 118.867°，其中 P 与 S_2 原子形成双键，与 S_1 原子形成单键，S_1 原子为主要的作用原子。

6.3.1.2　态密度

黑药同样是通过 S_1 原子与闪锌矿表面的金属原子发生键合使黑药吸附在矿物表面。图 6.7 为甲基黑药中各原子及作用原子 S_1 的电子态密度分布情况。由图可知，各原子的价电子对黑药的态密度都有贡献，价带中 C、O 和 P 原子的 s 和 p 轨道电子都存在一定的杂化，

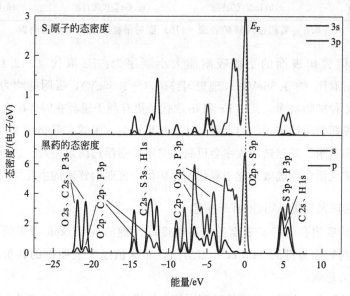

图 6.7　甲基黑药的态密度

导带主要由 S 和 P 原子的 p 轨道电子以及 C 和 H 原子的 s 轨道电子杂化而成，各原子间都有一定的交互作用。因此，黑药的结构也比较稳定；费米能级处主要由 S 原子的 3p 轨道电子贡献，O 原子的 2p 轨道电子也有微弱贡献，表明在黄药分子中 S 原子具有较高的反应活性，是黑药与矿物发生作用的主要原子，O 原子对其反应活性具有一定影响。

6.3.2　铟、锗和铁取代对黑药吸附的影响

6.3.2.1　黑药在闪锌矿表面的吸附构型及吸附能

图 6.8 为黑药在不同闪锌矿表面的平衡吸附构型，图中标出的数字为相应两原子之间的键长及黑药的吸附能，单位分别为 Å 和 eV。

由图 6.8 可以看出，黑药主要通过硫原子与闪锌矿表面的金属原子作用而吸附在矿物表面，由于金属原子间存在电负性差异，因此 S 与不同金属原子间的作用键长不同，其中，S—In 和 S—Fe 分别为最长和最短的作用键长。

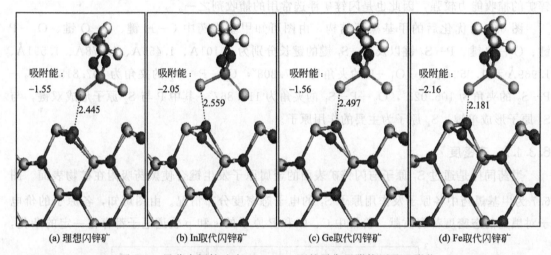

(a) 理想闪锌矿　　(b) In取代闪锌矿　　(c) Ge取代闪锌矿　　(d) Fe取代闪锌矿

图 6.8　黑药在闪锌矿表面（110）面的平衡吸附构型及吸附能

黑药在不同闪锌矿表面的平衡吸附能大小顺序为：Fe 取代（-2.16eV）＜In 取代（-2.05eV）＜Ge 取代（-1.56eV）＜理想闪锌矿（-1.55eV），吸附能均为负值，说明黑药可以自发吸附在 4 种矿物表面。其中 Fe 和 In 取代是更有利于黑药在闪锌矿表面的吸附，而 Ge 取代几乎不影响黑药在闪锌矿表面的吸附。计算结果说明，闪锌矿晶格中 Fe 和 In 杂质含量越高，越有利于黑药吸附，其浮选回收率会更高，与单矿物浮选结果一致。这也是丁铵黑药体系下，载铟铁闪锌矿无活化浮选效果优于载锗闪锌矿优于普通闪锌矿的主要原因。

6.3.2.2　电荷密度及键的 Mulliken 布居值

图 6.9 为黑药吸附在闪锌矿表面的电荷密度图及键的 Mulliken 布居值，白色表示电荷密度为零，图中的数字为键的 Mulliken 布居值，布居值越大表明键的共价键越强，越小说明离子间的作用力越强。

由图 6.9 可以看出，S 与 4 种闪锌矿表面的金属原子之间的电子云都有重叠，且布居值都为正值，其大小顺序为：Fe 取代（0.65）＞In 取代（0.53）＞理想闪锌矿（0.43）＞Ge 取代

（0.27），表明它们之间形成了共价键吸附。其中，黄药与 Fe 取代表面的 Fe 原子的共价性更强，其次是 In 取代表面，而与 Ge 取代闪锌矿表面 Ge 的共价性最弱，说明黑药在 Fe 取代表面的吸附最为牢固，其次是 In 取代表面，而在 Ge 取代闪锌矿表面的吸附稳定性相对最差。

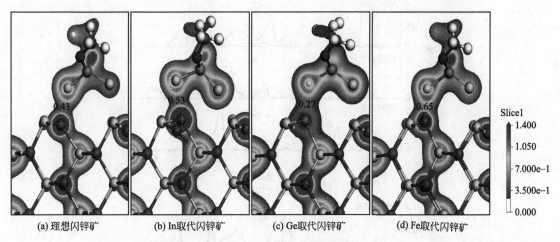

| (a) 理想闪锌矿 | (b) In取代闪锌矿 | (c) Ge取代闪锌矿 | (d) Fe取代闪锌矿 |

图 6.9　黑药吸附在闪锌矿表面的电荷密度图及键的 Mulliken 布居值

6.3.2.3　黑药吸附前后作用原子的态密度分析

图 6.10 为黑药在 4 种闪锌矿表面吸附前后的 S 和金属原子的态密度。

由图 6.10 可以看出：

① 黑药在 4 种闪锌矿表面吸附前，S 原子在费米能级（E_F）附近的态密度均由 3p 轨道贡献，Zn 原子由 3d 和 4s 轨道共同贡献，In 原子由 5s 和 5p 轨道贡献，Ge 原子由 4s 和 4p 轨道贡献，Fe 原子由 4s、3p 和 3d 轨道贡献。

② 黑药在理想闪锌矿表面吸附后［图（a）］，S 和 Zn 原子的态密度整体偏移并不明显；S 原子的 3p 轨道在费米能级附近由吸附前的 2 个态密度峰变为一个宽大而连续分布的态密度峰，在 +5eV 附近的导带的态密度峰减弱，非局域性增加，反应活性降低；Zn 原子

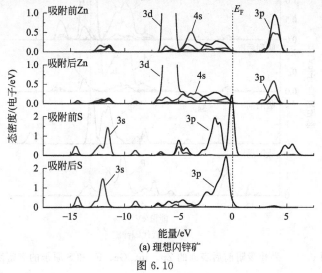

(a) 理想闪锌矿

图 6.10

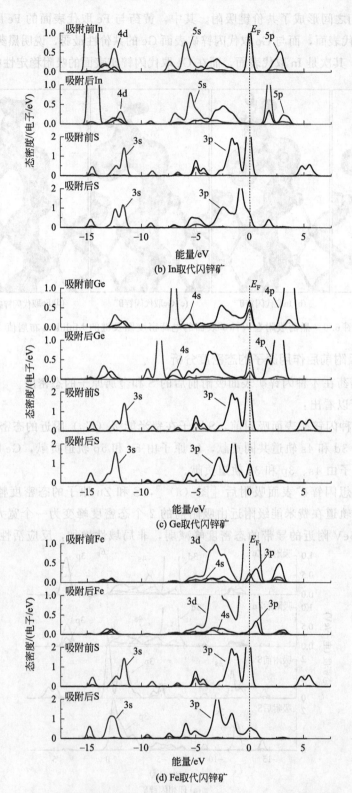

(b) In取代闪锌矿

(c) Ge取代闪锌矿

(d) Fe取代闪锌矿

图 6.10　黑药吸附前后表面的 Zn、In、Ge、Fe 和 S 原子的态密度

的 3p 轨道态密度在 +4eV 附近减弱，在 -7.5～-3eV 范围的 3d 轨道由吸附前的 2 个峰变为一个宽大而连续分布的态密度峰；S 3p 轨道与 Zn 4s、3p 轨道分别在 -6.3eV 和 -4eV 附近发生杂化并出现了新的态密度峰。

③ 黑药在 In 取代的闪锌矿表面吸附后〔图 (b)〕，S 原子的 3p 轨道在费米能级附近由吸附前的 2 个态密度峰变为一个连续分布的态密度峰，在 +5eV 附近的导带的态密度峰减弱；In 原子费米能级附近的 5s 轨道态密度向高能方向偏移，5p 轨道的态密度峰减弱，电子的非局域性增加，反应活性降低；S 与 In 原子间并没有出现明显的新杂化态密度峰，但 S 3p 和 3s 轨道态密度峰分别在 -2.5eV 和 -12.5eV 附近得到增强，In 5s 轨道态密度峰也在 -2.5eV 附近得到增强，In 4d 轨道态密度峰在 -12.5eV 附近减弱，说明它们之间的交互作用是直接通过电荷的转移来实现的。

④黑药在 Ge 取代的闪锌矿表面吸附后〔图 (c)〕，S 原子的 3p 轨道在费米能级附近的态密度峰减弱，非局域性增加，反应活性降低；Ge 原子的态密度整体向低能方向偏移，费米能级附近处的 4s 态密度峰增强而 4p 轨道态密度峰减弱；S 3p 轨道与 Ge 4s 轨道在 -8.7eV 附近发生杂化，出现了明显的新态密度峰。

⑤ 黑药在 Fe 取代的闪锌矿表面吸附后〔图 (b)〕，S 原子的 3p 轨道在费米能级附近的态密度峰变为宽大而连续分布的态密度峰，且态密度峰减弱；Fe 原子的态密度偏移不明显，费米能级附近处的 3d 轨道态密度峰为宽大而连续分布的态密度峰，4s 轨道态密度峰减弱，说明 Fe 原子的非局域性增加，反应活性降低；S 3p 轨道与 Fe 3d 轨道在 -9eV 等附近发生多次杂化，出现了明显的新态密度峰。

6.4　硫氮在闪锌矿表面的吸附

6.4.1　硫氮分子结构

6.4.1.1　结构特征

乙硫氮，化学名称为 N,N-二乙基二硫代氨基甲酸（盐），白色粉末，稍有鱼腥味，极易溶于水，水溶液呈碱性，在空气中与水和二氧化碳作用逐步分解，遇酸易分解为二硫化碳和二乙胺等物。乙硫氮是一种优良的浮选 Cu、Pb、Sb 及其他金属硫化物的选择性好的捕收剂，用量少于黄药和黑药，对多金属硫化矿的浮选效果优于黄药和黑药。

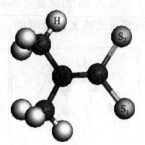

图 6.11　甲基硫氮
的分子结构

图 6.11 为优化后的硫氮分子结构，由图可知甲基硫氮中 C—H 键、C_1—N 键、N—C_3 键、C_3—S_2 键以及 C_3—S_1 键的键长分别为 1.054Å、1.414Å、1.299Å、1.630Å 和 1.629 Å。C_1—N—C_2 的夹角为 116.780°，C_1—N—C_3 的夹角为 122.058°，N—C_3—S_2 的夹角为 126.624°，S_1—C_3—S_2 的夹角为 107.447°，其中 C_3 与 S_2 原子形成双键，与 S_1 原子形成单键，S_1 原子为主要的作用原子。

6.4.1.2　态密度

图 6.12 为甲基硫氮中各原子及作用原子 S_1 的电子态密度分布情况。由图可知，各原子

的价电子对黄药的态密度都有贡献，价带中 C、N 和 S 原子的 s 和 p 轨道电子都存在一定的杂化，导带主要由 C、N 和 S 原子的 s 和 p 轨道电子以及 H 原子的 s 轨道电子杂化而成，各原子间都有一定的交互作用。因此，硫氮能够稳定存在；费米能级处主要由 S 原子的 3p 轨道电子贡献，表明在硫氮分子中 S 原子具有较高的反应活性，是硫氮与矿物发生作用的主要原子。

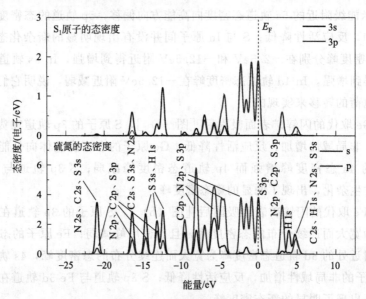

图 6.12　甲基硫氮的态密度

6.4.2　铟、锗和铁取代对硫氮吸附的影响

6.4.2.1　硫氮在闪锌矿表面的吸附构型及吸附能

图 6.13 为硫氮在不同闪锌矿表面的平衡吸附构型，图中标出的数字为相应两原子之间的键长及硫氮的吸附能，单位分别为 Å 和 eV。

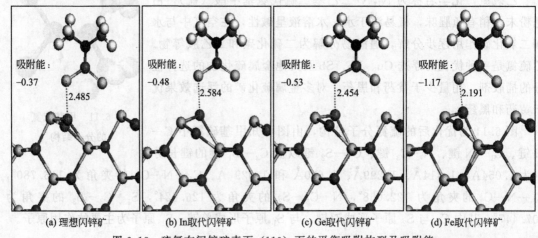

(a) 理想闪锌矿　　(b) In取代闪锌矿　　(c) Ge取代闪锌矿　　(d) Fe取代闪锌矿

图 6.13　硫氮在闪锌矿表面（110）面的平衡吸附构型及吸附能

由图 6.13 可以看出，硫氮主要通过硫原子与闪锌矿表面的金属原子作用而吸附在矿物

表面，由于金属原子间存在电负性差异，因此 S 与不同金属原子间的作用键长不同。其中，S—In 和 S—Fe 分别为最长和最短的作用键长。

硫氮在不同闪锌矿表面的平衡吸附能大小顺序为：Fe 取代（−1.17eV）＜Ge 取代（−0.53eV）＜In 取代（−0.48eV）＜理想闪锌矿（−0.37eV），吸附能均为负值，说明硫氮可以自发吸附在 4 种矿物表面，Fe、Ge 和 In 取代都有利于硫氮在闪锌矿表面的吸附，但 Fe 取代对硫氮吸附提高更明显。而单矿物浮选表明了乙硫氮体系下，载铟铁闪锌矿无活化浮选上浮率优于载锗闪锌矿优于普通闪锌矿，从宏观角度验证了计算的正确性。

6.4.2.2　电荷密度及键的 Mulliken 布居值

图 6.14 为硫氮吸附在闪锌矿表面的电荷密度图及键的 Mulliken 布居值，白色表示电荷密度为零，图中的数字为键的 Mulliken 布居值，布居值越大表明键的共价性越强，越小说明离子间的作用力越强。

由图 6.14 可以看出，S 与 4 种闪锌矿表面的金属原子之间的电子云都有重叠，且布居值都为正值，其大小顺序为：In 取代（0.63）＞Fe 取代（0.57）＞理想闪锌矿（0.40）＞Ge 取代（0.35），表明它们之间形成了共价键吸附，其中，硫氮与 In 取代表面的 In 原子的共价性更强，其次是 Fe 取代表面，而与 Ge 取代闪锌矿表面 Ge 的共价性最弱，说明硫氮在 In 取代表面的吸附最为牢固，其次是 Fe 取代表面，而在 Ge 取代闪锌矿表面的吸附稳定性相对最差。

综合黄药和黑药的吸附结果可以看出，黄药和黑药分子在 4 种闪锌矿表面的吸附能相差不大，但比硫氮分子的吸附能小，说明黄药和黑药分子更容易吸附在闪锌矿表面，单矿物试验也证实了使用黄药和黑药时闪锌矿的上浮率远远高于乙硫氮；3 种捕收剂分子在 In 和 Fe 取代表面的吸附能都较小，且吸附都很牢固，因此，载铟铁闪锌矿的上浮率会明显高于载锗闪锌矿和普通闪锌矿，与单矿物试验结果相一致。

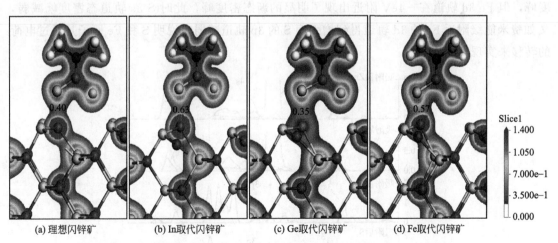

(a) 理想闪锌矿　　　(b) In取代闪锌矿　　　(c) Ge取代闪锌矿　　　(d) Fe取代闪锌矿

图 6.14　硫氮吸附在闪锌矿表面的电荷密度图及键的 Mulliken 布居值

6.4.2.3　硫氮吸附前后作用原子的态密度分析

图 6.15 为硫氮分子在 4 种闪锌矿表面吸附前后的 S 和金属原子的态密度。

由图 6.15 可以看出：

① 硫氮在 4 种闪锌矿表面吸附前，S 原子在费米能级（E_F）附近的态密度均由 3p 轨道贡献，Zn 原子由 3d 和 4s 轨道共同贡献，In 原子由 5s 和 5p 轨道贡献，Ge 原子由 4s 和 4p 轨道贡献，Fe 原子由 4s、3p 和 3d 轨道贡献。

② 硫氮在理想闪锌矿表面吸附后［图（a）］，S 和 Zn 原子的态密度整体偏移并不明显；S 原子的 3p 轨道在费米能级附近由吸附前的 4 个尖锐的态密度峰变为宽大、平缓连续分布的态密度峰，在 +5eV 附近的导带的态密度峰减弱；Zn 原子的 3p 轨道态密度在 +4eV 附近减弱，在 −7.5～−3eV 范围的 3d 轨道由吸附前的 2 个峰变为一个宽大而连续分布的态密度峰；S 3p 轨道与 Zn 4s 轨道分别在 −9eV 和 −15eV 附近发生杂化并出现了新的态密度峰。

③ 硫氮在 In 取代的闪锌矿表面吸附后［图（b）］，S 原子的 3p 轨道在费米能级附近和 +5eV 附近的导带的态密度峰大幅度减弱；In 原子费米能级附近的 5s 轨道态密度向高能方向偏移，5p 轨道的态密度峰减弱，电子的非局域性增加，反应活性降低；S 3p 轨道与 In 5s、5p 轨道分别在 −9eV、−5.5eV 附近发生杂化，出现了明显的新态密度峰。

④ 硫氮在 Ge 取代的闪锌矿表面吸附后［图（c）］，S 原子的 3p 轨道在费米能级附近的态密度峰减弱，非局域性增加，反应活性降低；Ge 原子的态密度整体向低能方向偏移，费米能级附近的 4s 态密度峰得到增强而 4p 轨道态密度峰减弱；S 3p 轨道与 Ge 4s 轨道分别在 −15eV 和 −8.7eV 附近发生杂化，出现了明显的新态密度峰，此外，在 +2eV 处 Ge 的 4p 轨道出现一个新的非杂化态密度峰，说明硫氮吸附引起了 Ge 原子的电荷的自我转移。

⑤ 硫氮在 Fe 取代的闪锌矿表面吸附后［图（d）］，S 原子的 3p 轨道在费米能级附近的态密度峰变为宽大而连续分布的态密度峰，且态密度峰减弱；Fe 原子的态密度偏移不明显，费米能级附近的 3d 轨道态密度峰为宽大而连续分布的态密度峰，4s 轨道态密度峰减弱，说明 Fe 原子的非局域性增加，反应活性降低；S 和 Fe 原子并没有发现明显的杂化态密度峰，但 Fe 3d 轨道在 −4eV 附近出现了明显的新态密度峰，此时 S 3s 轨道态密度峰减弱，又如费米能级附近 Fe 的 3d 轨道得到增强而 S 的 3p 轨道减弱，说明 S 和 Fe 原子是通过电荷的转移来实现交互作用的。

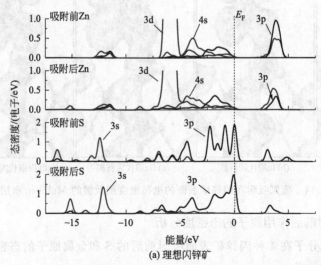

(a) 理想闪锌矿

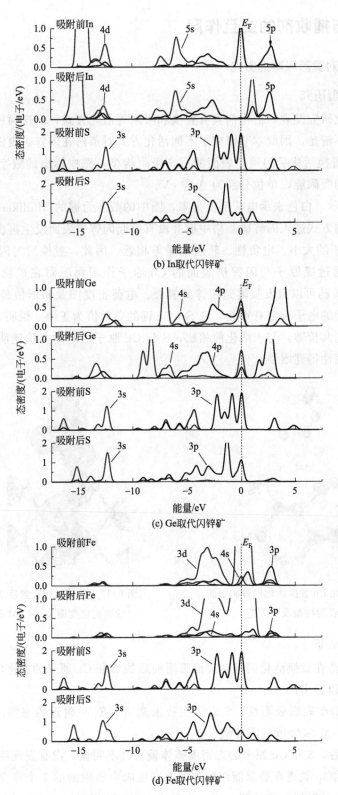

图 6.15　硫氮吸附前后表面的 Zn、In、Ge、Fe 和 S 原子的态密度

6.5 活化剂与捕收剂的交互作用

6.5.1 置换活化对黄药吸附的影响

6.5.1.1 吸附构型研究

闪锌矿的活化研究发现，活化剂具有置换和吸附等活化方式，但这两种活化方式对捕收剂的吸附影响尚不清楚，因此本节研究了不同活化方式对黄药在闪锌矿表面吸附的影响。图 6.16 为黄药在铜置换活化后闪锌矿表面的平衡吸附构型，图中标出的数字为相应两原子之间的键长及黄药的吸附能，单位分别为 Å 和 eV。

由图 6.17 所示，白色表示电荷密度为零，图中的数字为键的 Mulliken 布居值。可以看出，铜通过置换的方式进入闪锌矿晶格中后并没有引起闪锌矿表面发生再次大幅度弛豫，主要是 Cu 和 Zn 原子的大小、电负性、轨道能量等相近，因此，置换后对闪锌矿晶胞的影响较小。黄药主要通过硫原子与闪锌矿表面的 Cu 原子作用而吸附在矿物表面，吸附能为 $-0.63eV$，说明黄药可以自发吸附到闪锌矿表面；电荷密度图及布居值显示 S 与闪锌矿表面的金属原子之间的电子云都有重叠，且 S—Cu 键的布居值为正值，说明 S 与 Cu 原子之间形成了较为稳定的共价键，与未活化前相比，S 与 Cu 原子之间的共价键明显得到增强，说明黄药吸附的牢固性得到增强。

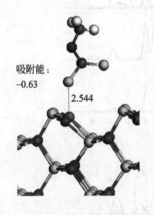

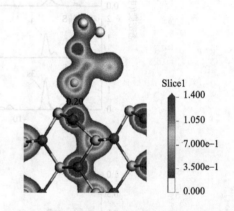

图 6.16　黄药在 Cu 置换活化闪锌矿表面
的平衡吸附构型及吸附能

图 6.17　黄药吸附在置换活化闪锌矿表面
的电荷密度图及键的 Mulliken 布局值

6.5.1.2 态密度分析

图 6.18 为黄药在置换活化闪锌矿表面吸附前后的 S 和 Cu 原子的态密度。

由图 6.18 可以看出：

① 黄药在闪锌矿表面吸附前，S 原子在费米能级（E_F）附近的态密度均由 3p 轨道贡献，Cu 原子由 3d 和 4s 轨道共同贡献。

② 黄药吸附后，S 和 Cu 原子的态密度整体偏移并不明显；没有发现明显的杂化新态密度峰，但 S 原子的 3p 轨道在费米能级附近的态密度峰由吸附前的 2 个峰变为一个宽大而连续分布的态密度峰并得到一定增强，在 $+5eV$、$-2.5eV$ 以及 $-4.5eV$ 等附近的态密度峰减弱，其 3s 轨道态密度峰在 $-4.5eV$ 和 $-6eV$ 附近同样减弱；Cu 原子的 3p 轨道态密度在

+4eV 附近减弱，4s 轨道态密度在−1.3eV 附近减弱，3d 轨道态密度在−3～0.5eV 范围内的 2 个尖峰消失，变更平缓，非局域性增加，反应活性降低；综上可知，S 和 Cu 原子之间并没有发生明显的轨道杂化，但黄药的吸附引起了 2 个原子的电荷转移或偏移。

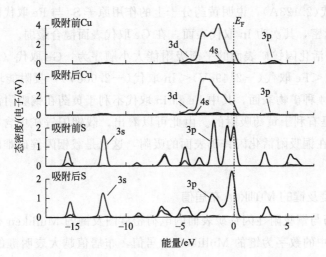

图 6.18　黄药吸附前后表面的 Cu 和 S 原子的态密度

6.5.2　铜吸附活化对黄药吸附的影响

6.5.2.1　吸附构型及吸附能

图 6.19 为黄药与铜在闪锌矿表面（110）面的平衡吸附构型及吸附能，图中标出的数字为相应两原子之间的键长及黄药的吸附能，单位分别为 Å 和 eV。

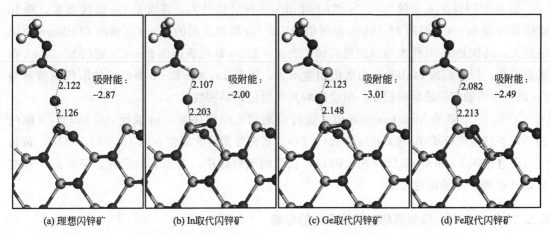

图 6.19　黄药与铜在闪锌矿表面（110）面的平衡吸附构型及吸附能

由图 6.19 可以看出：

① 黄药主要通过与闪锌矿表面吸附的 Cu 作用而吸附在矿物表面。

② 铜与闪锌矿表面 S 原子的作用键 $Cu-S_2$ 键长稍大于黄药与铜的 S_1-Cu 键长，说明铜与黄药分子中的 S 键合更为紧密。

③ $Cu-S_2$ 键长大小顺序为：理想闪锌矿（2.126Å）＜Ge 取代（2.148Å）＜In 取代

(2.203Å)＜Fe 取代(2.213Å)，说明 Cu 在理想闪锌矿表面键合更强、更紧密，其次为 Ge 取代表面，在 Fe 取代表面键合最弱；

④ Cu—S₁ 键长大小顺序为：Fe 取代 （2.082Å)＜In 取代(2.107Å)＜理想闪锌矿 (2.122Å)＜Ge 取代(2.123Å)，说明黄药分子上的作用原子 S₁ 与 Fe 取代闪锌矿表面吸附的 Cu 键合更强、更紧密，其次为 In 取代表面，在 Ge 取代表面键合最弱。

⑤ 黄药在不同活化闪锌矿表面的平衡吸附能大小顺序为：Ge 取代 （－3.01eV)＜理想闪锌矿 （－2.87eV)＜Fe 取代(－2.49eV)＜In 取代(－2.00eV)，吸附能均为负值，说明黄药可以自发吸附在 4 种矿物表面，其中 Fe 和 In 取代不利于黄药在铜吸附活化闪锌矿表面的吸附，而 Ge 取代是有利于黄药吸附的。由此可以看出，载铟闪锌矿中含有较高的 Fe 和 In 含量都不利于黄药在铜吸附活化闪锌矿表面的吸附，这也是载铟闪锌矿难以高效活化浮选的原因之一。

6.5.2.2　电荷密度及键的 Mulliken 布居值

图 6.20 为黄药与铜吸附在闪锌矿表面的电荷密度图及键的 Mulliken 布居值，白色表示电荷密度为零，图中的数字为键的 Mulliken 布居值，布居值越大表明键的共价性越强，越小说明离子间的作用力越强。

由图 6.20 可以看出：

① 在 4 种闪锌矿表面 S₁、S₂ 与 Cu 原子之间的电子云都有重叠，且布居值都为正值，表明它们之间形成了共价键吸附。

② S₁—Cu 键的 Mulliken 布居值大于 S₂—Cu 键 Mulliken 布居值，说明 S₁ 与 Cu 结合更稳定，键的共价性更强。

③ 理想闪锌矿表面的 S₁—Cu 键的 Mulliken 布居值最大，其次是 Ge 取代表面，而 In 取代表面的 S₁—Cu 键的 Mulliken 布居值最小；Ge 取代表面的 S₂—Cu 键的 Mulliken 布居值最大，其次是 In 取代表面和理想闪锌矿表面，而 Fe 取代表面的 S₂—Cu 键的 Mulliken 布居值最小，但它们的 Mulliken 布居值相差不大，说明 In、Ge 和 Fe 等原子的取代对黄药与 Cu 之间作用稳定性的影响较小，但会影响其吸附的难易程度。

④ S₂—Cu 键的 Mulliken 布居值在黄药吸附前大小顺序为：In 取代 （0.55)＞Fe 取代 (0.37)＞理想闪锌矿(0.36)＞Ge 取代(0.27)，黄药吸附后布居值在 0.40 左右，可见，黄药可以促进铜在 Fe 和 Ge 取代及理想闪锌矿表面的吸附作用，增强其稳定性，但降低了铜在 In 取代矿物表面的稳定性。

6.5.3　Cu (OH)₂ 吸附活化对黄药吸附的影响

6.5.3.1　吸附构型及吸附能

图 6.21 为黄药与 Cu(OH)₂ 在闪锌矿表面 （110） 面的平衡吸附构型及吸附能，图中标出的数字为相应两原子之间的键长及黄药的吸附能，单位分别为 Å 和 eV。

由图 6.21 可以看出：

① 黄药主要通过 S₁ 原子与闪锌矿表面吸附的 Cu(OH)₂ 中的 Cu 原子作用而吸附在矿物表面。

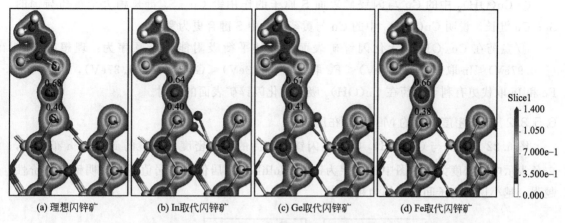

(a) 理想闪锌矿　　(b) In取代闪锌矿　　(c) Ge取代闪锌矿　　(d) Fe取代闪锌矿

图 6.20　黄药与铜吸附在闪锌矿表面的电荷密度图及键的 Mulliken 布居值

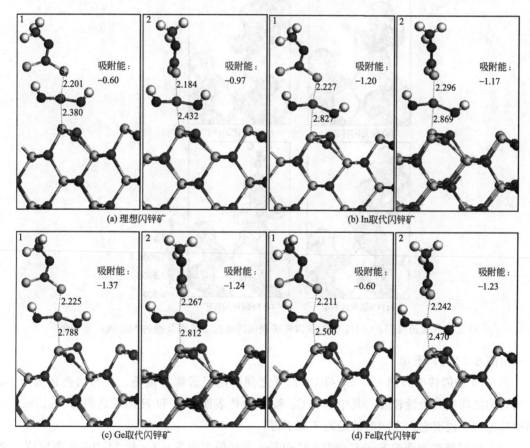

图 6.21　黄药与 Cu(OH)$_2$ 在闪锌矿表面（110）面的平衡吸附构型及吸附能

1—平行吸附；2—交叉吸附

② 黄药在 Cu(OH)$_2$ 活化闪锌矿表面的 2 种平衡吸附能均为负值，说明黄药可以自发吸附在 Cu(OH)$_2$ 活化闪锌矿表面；其中，在 Fe 取代和理想闪锌矿表面，黄药更容易与 Cu(OH)$_2$ 发生交叉吸附，在 In 和 Ge 取代表面，黄药更容易与 Cu(OH)$_2$ 发生平行吸附。

③ $Cu(OH)_2$ 中的 Cu 与闪锌矿表面 S 原子的作用键 $Cu—S_2$ 键长稍大于黄药与铜的 $S_1—Cu$ 键长,说明 $Cu(OH)_2$ 中的 Cu 与黄药分子中 S 键合更为紧密。

④ 黄药在 $Cu(OH)_2$ 活化闪锌矿表面的最佳平衡吸附能大小顺序为:理想闪锌矿($-0.97eV$)<In 取代($-1.20eV$)<Fe 取代($-1.23eV$)<Ge 取代($-1.37eV$),说明 Ge、Fe 和 In 取代更有利于黄药在 $Cu(OH)_2$ 吸附活化闪锌矿表面的吸附。

6.5.3.2 电荷密度及键的 Mulliken 布居值

图 6.22 为黄药与 $Cu(OH)_2$ 吸附在闪锌矿表面的电荷密度图及键的 Mulliken 布居值,白色表示电荷密度为零,图中的数字为键的 Mulliken 布居值,布居值越大表明键的共价性越强,越小说明离子间的作用力越强。

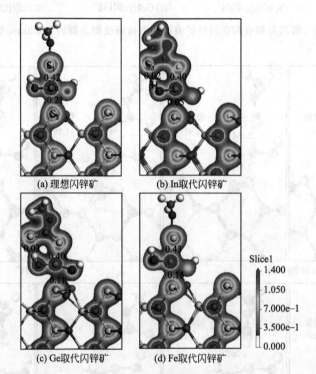

图 6.22　黄药与 $Cu(OH)_2$ 吸附在闪锌矿表面的电荷密度图及键的 Mulliken 布居值

由图 6.22 可以看出:

① 在 4 种闪锌矿表面 S_1、S_2 与 Cu 原子之间的电子云都有重叠,且布居值远大于零,表明它们之间的共价性较强;其中,在 Ge 和 In 取代表面,S_3 和 H 原子之间的 Mulliken 布居值接近零,说明它们之间的键趋向于离子键。

② 4 种闪锌矿表面的 $S_1—Cu$ 键的 Mulliken 布居值大于 $S_2—Cu$ 键 Mulliken 布居值,说明 Cu 与 S_1 结合更稳定,键的共价性更强。

③ $S_1—Cu$ 键的 Mulliken 布居值均在 0.40 左右,差值不大,说明 In、Ge 和 Fe 取代几乎不影响黄药与 $Cu(OH)_2$ 之间的作用强度及稳定性。

④ $S_2—Cu$ 键的 Mulliken 布居值的大小顺序为:理想闪锌矿(0.21)>Fe 取代(0.15)>In 取代(0.11)>Ge 取代 (0.05),说明黄药与 $Cu(OH)_2$ 吸附后,In、Ge 和 Fe 取代降低了

$Cu(OH)_2$ 在矿物表面的吸附强度；与黄药吸附前相比，S_2—Cu 键的 Mulliken 布居值整体有增大趋势，说明黄药吸附后不仅增强了矿物表面的疏水性，而且提高了 $Cu(OH)_2$ 在矿物表面吸附的稳定性，证实了黄药与 $Cu(OH)_2$ 之间有较好协同吸附作用。

6.6　捕收剂的吸附量

捕收剂的吸附量测定在上海凌光技术有限公司的 7595 型紫外可见分光光度计上进行。实验采用剩余浓度法测定药剂在矿物表面的吸附量，即通过测定药剂吸附前后的溶液浓度之差，计算矿物表面药剂的吸附量。

① 在某一特定药剂浓度下，测出不同波长与吸光度的关系，找出吸光度最大时所对应的波长 λ；

② 在最大的波长 λ 条件下测定不同药剂浓度的吸光度并绘制曲线，得到此药剂的浓度标准曲线；

③ 每次称取 1g 矿样，经超声波清洗、调浆、加药反应后将矿浆静置 1min，使矿样自然沉降，然后取适量的上层较为清澈的矿浆，再用离心机强化固液分离 10min，取上部清澈的溶液测定其吸光度，每次重复测量三次，然后取平均值，再根据浓度标准曲线计算残余药剂浓度；

④ 计算药剂在矿物表面的吸附量，即吸附量＝总量－残留量。

由图 6.23 可以看出，无活化剂时，在整个 pH 值范围内，丁黄药在载铟闪锌矿上的吸附量最大，其次是载锗闪锌矿，普通闪锌矿最小。捕收剂吸附量的多少直接影响矿物表面的疏水性强弱，可见，载铟闪锌矿的疏水性应该是最好的，上浮率应该最高，浮选试验结果也证实了这一结论。量子化学计算表明 In 和 Fe 含量较高的闪锌矿更能促进黄药的吸附，这也解释了为什么载铟闪锌矿的上浮率比载锗闪锌矿更高。

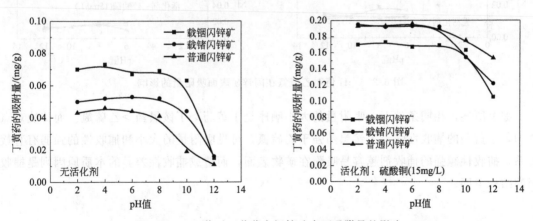

图 6.23　pH 值对丁黄药在闪锌矿表面吸附量的影响

添加硫酸铜活化后，丁黄药在普通闪锌矿上的吸附量最大，其次是载锗闪锌矿，载铟闪锌矿反而最小，此规律和铜的吸附量规律一致，可见铜活化是影响丁黄药吸附的主要因素；量子化学计算表明，闪锌矿的活化过程较为复杂，存在多种活化形式，而各种活化方式所占的比例及相互之间转换并不清楚，但结合各种实验数据可以看出，闪锌矿的活化整体上更有利于黄药的吸附。

由图 6.24 可以看出,丁铵黑药为捕收剂时,其吸附规律和丁黄药的相同,只是丁铵黑药的吸附量相对较低,可能与其捕收性及结构有关。

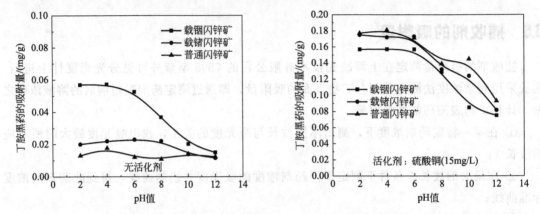

图 6.24　pH 值对丁铵黑药在闪锌矿表面吸附量的影响

图 6.25 表明,乙硫氮为捕收剂时,无论是否活化,3 种矿物对乙硫氮的吸附量都很低,即使活化,吸附量也没有大幅度的提高,这与试验结果一致。

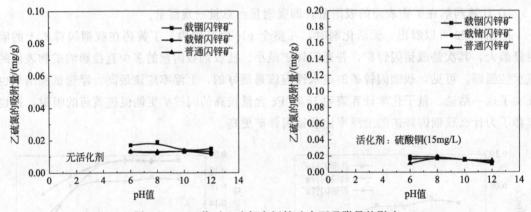

图 6.25　pH 值对乙硫氮在闪锌矿表面吸附量的影响

综上所述,相同条件下,吸附量的大小顺序是丁黄药>丁铵黑药>乙硫氮。而传统观点认为,丁黄药的捕收性强于丁铵黑药强于乙硫氮,可见吸附量的大小和捕收性的强弱有直接关系,捕收性越强的捕收剂越容易吸附在矿物表面,而造成捕收性差异的本质原因则是捕收剂的结构不同。

6.7　本章小结

捕收剂是改变矿物表面疏水性、影响闪锌矿浮选的重要因素之一。本章先通过量子化学计算,构建了捕收剂分子、矿物表面与活化组分之间的作用模型,再通过吸附能、态密度、电荷密度等从原子、分子等微观角度深入分析其相互作用机理,最后通过捕收剂在单矿物表面的吸附量检测验证计算的正确性，主要结论如下：

① 黄药、黑药和硫氮分子中的 S 原子具有较高的反应活性，是参与作用的主要原子。

② 黄药、黑药和硫氮分子都可以自发吸附在 In、Ge、Fe 和理想闪锌矿表面，并与闪锌矿表面的金属原子形成稳定的共价键吸附；3 种捕收剂相比较，黄药和黑药更容易与矿物表面作用。

③ 黄药在 Fe 取代的表面吸附最为牢固，其次是 In 取代表面，而在理想闪锌矿表面吸附的稳定性最差；黑药也在 Fe 取代表面的吸附最为牢固，其次是 In 取代表面，而在 Ge 取代表面吸附的稳定性最差；而硫氮则在 In 取代表面的吸附最为牢固，其次是 Fe 取代表面，而在 Ge 取代表面吸附的稳定性最差。这主要是由于捕收剂分子中的 S 原子与矿物表面的金属原子间出现了不同的轨道和不同强弱的杂化，因此，出现了不同强度的交互作用。

④ 黄药可以自发与闪锌矿表面置换的 Cu 以及吸附的 Cu 和 $Cu(OH)_2$ 发生吸附，并提高了 Cu 和 $Cu(OH)_2$ 在闪锌矿表面吸附的稳定性，说明黄药与 Cu 或 $Cu(OH)_2$ 之间有较好协同作用。

⑤ 吸附量检测结果与计算结果一致，相同条件下，吸附量的大小顺序是丁黄药＞丁铵黑药＞乙硫氮；丁铵黑药的吸附规律和丁黄药相同，无活化剂时，在整个 pH 值范围内，在载铟闪锌矿上的吸附量最大，其次是载锗闪锌矿，普通闪锌矿最小；添加硫酸铜活化后明显提高了吸附量；乙硫氮为捕收剂时，无论是否活化，3 种矿物对乙硫氮的吸附量都很低，即使活化，吸附量也没有大幅度的提高。

第 7 章

松醇油在铟和锗载体闪锌矿表面的吸附机理

单矿物试验表明松醇油在无捕收剂条件下对各种闪锌矿浮选有重要影响，但其在矿物表面是否具有独立作用尚不清楚。因此，本章通过量子化学计算、红外光谱和 Zeta 电位检测等研究了松醇油在各种闪锌矿表面的吸附特征及作用规律，构建了松醇油分子与矿物表面的作用模型，揭示了松醇油提高闪锌矿上浮率的本质原因。

7.1 松醇油在闪锌矿表面的吸附构型

7.1.1 计算方法与模型

构建模型前，首先采用 CASTEP 模块构建松醇油分子（萜烯醇）的结构，再将其放入一个 $15\text{Å} \times 15\text{Å} \times 15\text{Å}$ 的真空晶胞盒子中并采用 BFGS 优化算法优化其结构。

构建吸附能模型时，将优化后的松醇油分子放入优化好的闪锌矿晶胞表面，模拟其相互作用过程。计算时，忽略体系的自旋极化，自洽过程中体系能量达到平衡后视为收敛。松醇油与矿物表面的吸附能（ΔE_{ads}）计算公式如下：

$$\Delta E_{ads} = E_{X+slab}^{tot} - E_{slab}^{tot} - E_X$$

其中，E_{X+slab}^{tot} 是松醇油分子与锌矿物的表面作用后的总能量；E_{slab}^{tot} 是松醇油分子吸附前各闪锌矿的总能量；E_X 为松醇油分子的能量；ΔE_{ads} 为松醇油分子在锌矿物表面的吸附能，ΔE_{ads} 的值越负说明吸附越容易进行。

7.1.2　吸附构型及吸附能

图 7.1 为松醇油分子在不同闪锌矿表面的平衡吸附构型，图中标出的数字为相应两原子之间的键长及松醇油的吸附能，单位分别为 Å 和 eV。表 7.1 为松醇油在矿物表面吸附后 O 与金属原子之间的距离变化。

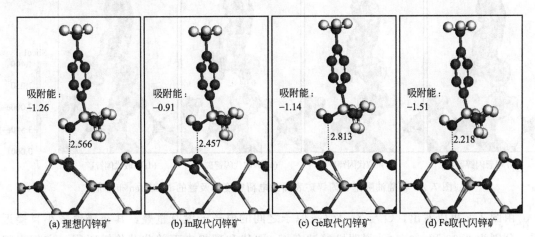

(a) 理想闪锌矿　　(b) In取代闪锌矿　　(c) Ge取代闪锌矿　　(d) Fe取代闪锌矿

图 7.1　松醇油在闪锌矿表面 (110) 面的平衡吸附构型及吸附能

表 7.1　松醇油在矿物表面吸附后 O 与金属原子之间的距离变化

矿物	理想闪锌矿	In 取代闪锌矿	Ge 取代闪锌矿	Fe 取代闪锌矿
$d_o = r_o + r_{metal}/\text{Å}$	2.18	2.65	2.17	2.37
$d_{ads}/\text{Å}$	2.566	2.457	2.813	2.218
$\Delta d = d_{ads} - d_o/\text{Å}$	0.386	−0.193	0.643	−0.152

注：$r_o = 0.65\text{Å}$，为 O 原子半径；r_{metal} 为 Zn、In、Ge 和 Fe 的原子半径（$r_{Zn} = 1.53$，$r_{In} = 2.00$，$r_{Ge} = 1.52$，$r_{Fe} = 1.72$）；d_{ads} 为 O 与金属原子间的作用键长。

由图 7.1 可以看出，松醇油主要通过 O 原子与闪锌矿表面的金属原子作用而吸附在矿物表面。由于金属原子间存在电负性差异，因此 O 与不同金属原子间的作用键长不同。由表 7.1 可以看出，松醇油吸附后，O—In 和 O—Fe 原子间的距离较原子半径之和明显降低，说明松醇油与 In 和 Fe 取代表面有较强的交互作用；而在 Ge 取代和理想闪锌矿表面 O—Zn 和 O—Ge 原子间的距离较原子半径之和明显增大，因此，其交互作用较弱。

松醇油在不同闪锌矿表面的平衡吸附能大小顺序为：Fe 取代（−1.51eV）＜理想闪锌矿（−1.26eV）＜Ge 取代（−1.14eV）＜In 取代（−0.91eV），吸附能均为负值，说明松醇油可以自发吸附在 4 种矿物表面，其中 Fe 取代更有利于松醇油在闪锌矿表面的吸附，而 Ge 和 In 取代则减弱了松醇油在闪锌矿表面的吸附。因此，Fe 含量越高的闪锌矿越容易吸附松醇油；实际单矿物中，载铟闪锌矿的 Fe 含量最高，其次是载锗闪锌矿，而普通闪锌矿中 Fe 含量最低。因此，载铟闪锌矿表面更容易吸附松醇油，这也是中性条件下载铟闪锌矿上浮率＞载锗闪锌矿＞普通闪锌矿的主要原因。

7.1.3　电荷密度及键的 Mulliken 布居值

图 7.2 为松醇油吸附在闪锌矿表面后的电荷密度图及键的 Mulliken 布居值，白色表示

电荷密度为零,数字为键的 Mulliken 布居值,布居值越大表明键的共价性越强,越小说明离子间的作用力越强。

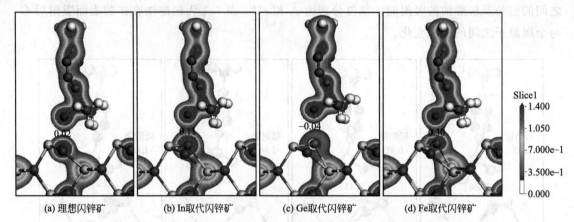

(a) 理想闪锌矿　(b) In取代闪锌矿　(c) Ge取代闪锌矿　(d) Fe取代闪锌矿

图 7.2　松醇油吸附在闪锌矿表面的电荷密度图及键的 Mulliken 布居值

由图 7.2 可以看出,O 与 Zn 及 Ge 原子之间的电子云没有重叠,其布居值较小且接近零,分别为 0.02 和 -0.04,说明松醇油在 Ge 取代和理想表面并非共价键吸附,它们之间的键趋向于离子键;而 O 与 In 及 Fe 原子之间的电子云都发生了重叠,其布居值较大且均为正值,分别为 0.11 和 0.30,说明松醇油分子中 O 与 In 和 Fe 原子间键的共价性较强,吸附更为稳定。

7.1.4　松醇油吸附前后作用原子的态密度分析

态密度可以分析松醇油分子中的 O 原子与闪锌矿表面金属原子作用的强弱以及作用原子的态电子贡献情况。图 7.3 为松醇油在 4 种闪锌矿表面吸附前后的 O 和金属原子的态密度。

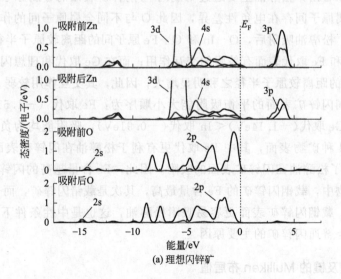

(a) 理想闪锌矿

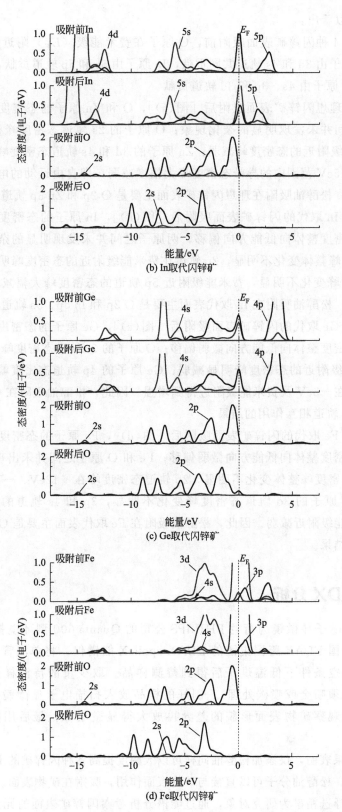

图 7.3　松醇油吸附前后表面的 Zn、In、Ge、Fe 和 O 原子的态密度

由图 7.3 可以看出：

① 松醇油在 4 种闪锌矿表面吸附前，O 原子在费米能级（E_F）附近的态密度均由 2p 轨道贡献，Zn 原子由 3d 和 4s 轨道共同贡献，In 原子由 5s 和 5p 轨道贡献，Ge 原子由 4s 和 4p 轨道贡献，Fe 原子由 4s、3p 和 3d 轨道贡献。

② 松醇油在理想闪锌矿表面吸附后 [图(a)]，O 和 Zn 原子的态密度整体偏移并不明显，且两原子之间并未发现明显的杂化现象；O 原子的 2s 轨道态密度峰整体变化不明显，2p 轨道在费米能级附近的态密度峰减弱；Zn 原子的 3d 和 4s 轨道态密度峰变化不明显，3p 轨道在 −2.5～−5eV 范围内的导带态密度峰大幅度减弱，即自由运动的电子所具有的能量明显降低。因此，松醇油吸附在理想闪锌矿表面主要是 O 2p 和 Zn 3p 轨道相互作用的结果。

③ 松醇油在 In 取代的闪锌矿表面吸附后 [图(b)]，In 原子的态密度整体偏移并不明显，O 原子的态密度整体向低能方向偏移，两原子之间并未发现明显的杂化现象；O 原子的 2s 轨道态密度峰整体变化不明显，2p 轨道在费米能级附近的态密度峰明显减弱；In 原子的 4d 轨道态密度峰变化不明显，费米能级附近 5p 轨道的态密度峰大幅减弱，而 5s 轨道则大幅增加。因此，松醇油吸附在 In 取代表面主要是 O 2p 和 In 5p、5s 轨道相互作用的结果。

④ 松醇油在 Ge 取代的闪锌矿表面吸附后 [图(c)]，Ge 原子的态密度整体偏移并不明显，O 原子的态密度整体向低能方向微弱偏移；O 原子的 2s 轨道态密度峰整体变化不明显，2p 轨道在费米能级附近的态密度峰明显减弱；Ge 原子的 4p 轨道态密度峰变化不明显，4s 轨道的态密度峰在 −3eV 及费米能级附近得到增强。因此，松醇油吸附在 Ge 取代表面主要是 O 2p 和 Ge 4s 轨道相互作用的结果。

⑤ 松醇油在 Fe 取代的闪锌矿表面吸附后 [图(d)]，Fe 原子的态密度整体偏移并不明显，O 原子的态密度整体向低能方向微弱偏移；Fe 和 O 原子之间并未出现明显的杂化；O 原子的 2s 轨道态密度峰整体变化不明显，2p 轨道态密度峰在 −12eV、−16eV 和 −6eV 附近得到增强；Fe 原子的 3d 轨道态密度峰变化不明显，3p 和 4s 轨道的态密度峰分别在 +2.5eV 和费米能级附近减弱。因此，松醇油吸附在 Fe 取代表面主要是 O 2p 和 Fe 4s、3p 轨道相互作用的结果。

7.2 SEM-EDX 分析

采用的扫描电子显微镜为荷兰 PHILIPS 公司的 Quanta 600 型环境扫描电子显微镜，能谱分析采用美国 EDAX 跨国集团的 EDAX apolloX 能谱仪。将单泡管浮选试验得到的精矿滴滤，在真空条件下低温烘干后得到待测样品。取少量的待测样品均匀分布在导电胶上制样（无须喷金或喷碳处理），制好的样品放入扫描电子显微镜中先抽真空，然后用低倍镜扫描观察矿物表面形貌的差异再放大得显微成像，最后用能谱分析矿物表面元素的差异。

浮选试验结果表明，仅添加松醇油同样可以大幅度提高各种闪锌矿的上浮率。量子化学计算结果也表明，松醇油分子可以直接与矿物表面作用，吸附在矿物表面。因此，我们以添加松醇油前后的浮选精矿为研究对象，通过能谱分析考察闪锌矿表面的元素分布变化规律，并用扫描电镜观察添加松醇油后矿物的分散情况，试验结果见图 7.4～图 7.6。

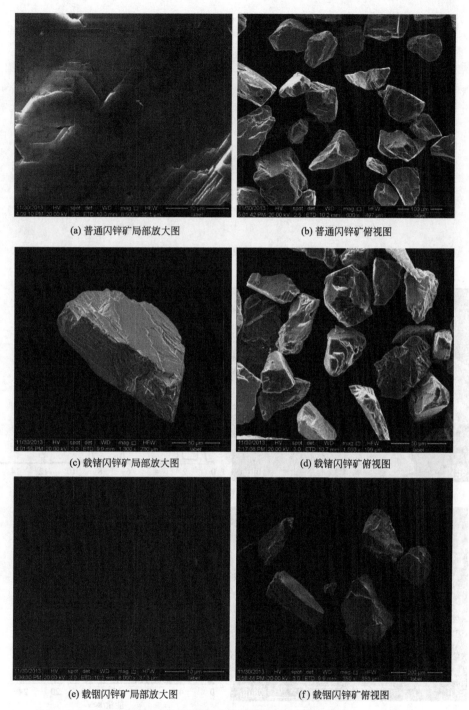

(a) 普通闪锌矿局部放大图　　　　　(b) 普通闪锌矿俯视图

(c) 载锗闪锌矿局部放大图　　　　　(d) 载锗闪锌矿俯视图

(e) 载铟闪锌矿局部放大图　　　　　(f) 载铟闪锌矿俯视图

图 7.4　无松醇油时矿物的扫描电镜图

由图 7.4 可知，未添加松醇油时 3 种闪锌矿的精矿都是呈独立颗粒分布的，且矿物表面是比较光滑的。添加松醇油后以载铟闪锌矿为例（见图 7.5），可以看出，原光滑的闪锌矿表面吸附了许多微细粒的闪锌矿，此外，大颗粒的闪锌矿之间也出现了聚团现象。前人[220-222] 使用类似松醇油的非极性油浮选赤铁矿和菱锰矿时也发现聚团现

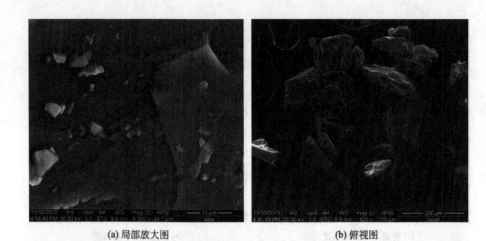

(a) 局部放大图　　　　　　　　　　　(b) 俯视图

图 7.5　添加松醇油后载铟闪锌矿的扫描电镜图

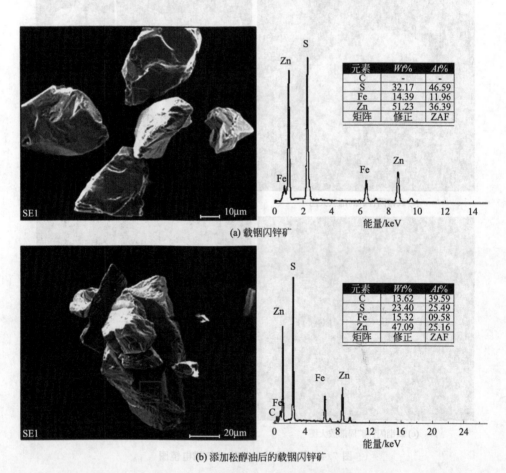

(a) 载铟闪锌矿

元素	Wt%	At%
C	-	-
S	32.17	46.59
Fe	14.39	11.96
Zn	51.23	36.39
矩阵	修正	ZAF

元素	Wt%	At%
C	13.62	39.59
S	23.40	25.49
Fe	15.32	09.58
Zn	47.09	25.16
矩阵	修正	ZAF

(b) 添加松醇油后的载铟闪锌矿

图 7.6　载铟闪锌矿的 SEM-EDX 分析

象，并认为造成这种现象的原因是非极性油可以通过油膜或小油滴的形式吸附在矿物表面，其极性端指向矿物表面的极性区域，非极性端指向外部，从而提高矿物表面的疏水性，致使矿物颗粒被浮出。而这些小油滴或油膜具有很大的表面自由能，当矿物在搅拌的过程中彼此接触时，吸附在矿物表面的小油滴或油膜就会相互兼并而导致矿物的聚团。

为了证实松醇油可以独立吸附在矿物表面，我们以载铟闪锌矿为例，通过能谱分析观察了矿物表面元素的变化。从图 7.6 载铟闪锌矿的 SEM-EDX 分析可以看出，无松醇油时，载铟闪锌矿表面的元素主要有 51.23% 的 Zn、14.39% 的 Fe 和 46.59% 的 S，In 元素因含量较少未被检测到，这与化学多元素分析的结果基本一致。Zn、Fe 与 S 摩尔比为 3∶1∶4，因此，可以推断出载铟闪锌矿的分子式 $Zn_{0.75}Fe_{0.25}S$。重要的是载铟闪锌矿中并不含 C 元素，添加松醇油后，矿物表面的元素发生了巨大改变，大量的 C 元素覆盖了矿物表面（占 39.59%），而 C 是松醇油的主要组成元素，整个过程中也未添加其他任何药剂，因此，可以肯定矿物表面的 C 元素来自松醇油，同时也证实了松醇油具有独立吸附在闪锌矿表面的能力，与量子化学计算结果相一致。

7.3　红外光谱分析

红外光谱仪具有测试迅速、操作方便、重复性好、灵敏度高、试样用量少、仪器结构简单等优点，因此，它是分析化学和现代结构化学中最常用和不可缺少的工具。此外，红外光谱在高聚物的构型、构象、力学性质的研究以及物理、天文、气象、遥感、生物、医学等其他领域也有广泛的应用。

红外光谱测试是物质定性的重要方法之一。它能够提供许多官能团的信息，可以帮助确定部分乃至全部分子类型及结构。红外吸收峰的位置与强度反映了分子结构上的特点，可以用来鉴别未知物的结构组成或确定其化学基团；而吸收谱带的吸收强度与化学基团的含量有关，可用于进行定量分析和纯度鉴定。此外，在化学反应的机理研究上，红外光谱也发挥着举足轻重的作用。

用玛瑙研钵将纯矿物研磨至粒径 $-5\mu m$，取 1g 样品和 40mL 蒸馏水放入 100mL 烧杯中，先用超声波清洗 5min，然后用蒸馏水反复清洗 5 次，以去除硫化矿表面的氧化膜，再加入一定浓度的药剂和适量的蒸馏水在磁力搅拌器上反应 5min，滴滤，真空低温烘干后得到待测样品。先将溴化钾压片后测其红外光谱作为检测基底，再取一定量的待测样品与溴化钾按一定比例混合后进行压片制样，然后在 Nicolet Avatar 330 FT-IR 型傅里叶变换红外光谱仪上进行红外光谱测试，波数范围为 $4000\sim400cm^{-1}$。

萜烯醇是松醇油的主要组成成分，其化学分子式和结构式分别为 $C_{10}H_{18}O$ 和 ⬡—⟨—OH 。我们以载铟闪锌矿为例研究了松醇油与矿物表面的反应情况，如图 7.7 所示，波数 $3432.92cm^{-1}$、$2931.75cm^{-1}$、$2859.09cm^{-1}$、$1450.18cm^{-1}$ 和 $1377.36cm^{-1}$ 处为本试验采用的松醇油的特征吸附峰，分别对应松醇油的—OH 伸缩、—CH_2 反对称伸缩振动、—CH_2 对称伸缩振动及—CH_3 反对称和对称变角振动。添加松醇油后，在载铟闪锌矿表面检测到了松醇油的特征吸附峰，说明松醇油吸附在了矿物表面，再次证实了松醇油的独立吸附性。但是很明显松醇油的吸附并没有改变载铟闪锌矿的本征特征峰，由此可知，松醇油并未与矿物表面发生化学反应，而是通过物理吸附的方式作用在矿物表面。

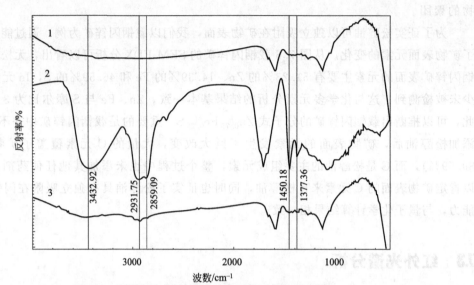

图 7.7　松醇油与载铟闪锌矿作用前后的红外光谱
1—载铟闪锌矿；2—松醇油；3—与松醇油作用后的载铟闪锌矿

7.4　动电位分析

电位是指带电的胶粒与介质做相对运动时滑移面与介质之间的电势差。矿物表面的电性直接影响浮选药剂在固液界面的吸附强度，根据 pH 对 Zeta 电位的影响结果，可以确定水悬浮液中的离子与矿物表面相互作用机理是化学吸附还是物理吸附。

前人研究表明闪锌矿的等电点在 pH＝2～7 的范围内，矿物的产地、样品表面氧化程度、杂质元素及溶解度等的不同都会造成等电点的差异。因此，为了避免闪锌矿表面的氧化对检测的影响，每次试验前均使用超声波清洗 10min。矿物表面动电位（Zeta 电位）检测使用的仪器是美国 ColoidalDynamics 公司研制的 ZetaProbe 电位仪。

测量步骤为：

① 仪器的校准：在仪器使用前先用标准液对电位、电导率、pH 值和温度进行校正，以确保仪器测量精度。

② 动电位的检测：先采用玛瑙研钵将矿物磨至粒径－5μm，每次称取 14g 与 275mL 去离子水配成浓度为 4.84% 的矿浆置于烧杯中，再用 2mol/L 的 HCl 或 NaOH 调节 pH 值，然后加入一定浓度的药剂并在磁力搅拌器上搅拌反应 3min，再将上述样品迅速转移到测量杯中，最后在电位测定仪上测量药剂作用前后矿样的动电位。每次重复测量三次，Zeta 电位值的误差不大于 5mV，然后取平均值。

松醇油对载铟闪锌矿表面 Zeta 电位的影响如图 7.8 所示，可以看出载铟闪锌矿等电点在 pH＝3.5。当 pH＞3.5 时，矿物表面为负电荷，当 pH＜3.5 时，矿物表面为正电荷；溶液中的质子和羟基离子与矿物表面的作用是造成电位差异的主要原因，在酸性条件下，质子与闪锌矿表面作用会形成单质硫 S^0 和多硫化物 MS_n^{2-} 等，因此，矿物颗粒带正电；而中性和碱性条件下的羟基吸附在闪锌矿表面后会形成 $Fe(OH)_3$ 和 $Zn(OH)_2$ 等产物，因此，矿物颗粒带负电[223,224]。

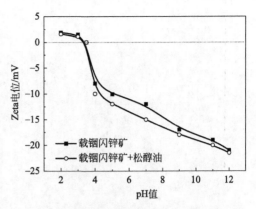

图 7.8　pH 值对载铟闪锌矿动电位的影响

然而，载铟闪锌矿和松醇油作用后的电位可以看出，在整个 pH 值范围内，松醇油对载铟闪锌矿有比较显著的影响，使得闪锌矿表面的 Zeta 电位向负移动，说明松醇油在铁闪锌矿表面有吸附；但载铟闪锌矿的零电点不变，因此可以肯定松醇油在载铟闪锌矿表面是物理吸附而非化学吸附。Waterhouse 和 Schulman 发现起泡剂分子主要与矿物表面的金属原子作用，量子化学计算结果也证实松醇油主要与闪锌矿表面的金属原子作用。因此，松醇油的吸附对 S 原子与质子之间的作用影响较小，但对羟基的吸附可能影响较大，进而导致电位的差异。

7.5　本章小结

松醇油是闪锌矿浮选中最常用的起泡剂，俗称二号油。传统的研究认为松醇油主要对矿浆溶液和气泡有较大影响，如可以增强矿浆的起泡能力，对改变气泡的大小、稳定性、电位、泡沫层厚度等，以及松醇油与矿物表面之间的交互作用研究较少，因此，本章通过量子化学计算、红外光谱和 Zeta 电位检测等系统研究了松醇油在闪锌矿表面的吸附特征及作用规律，主要结论如下：

① 松醇油通过 O 原子与闪锌矿表面的金属原子发生作用而吸附在矿物表面，其在理想闪锌矿、In 取代、Ge 取代和 Fe 取代表面分别是 O 2p 和 Zn 3p 轨道，O 2p 和 In 5p、5s 轨道，O 2p 和 Ge 4s 轨道，O 2p 和 Fe 4s、3p 轨道交互作用的结果。

② Fe 取代更有利于松醇油在闪锌矿表面的吸附，而 Ge 和 In 取代则减弱了松醇油在闪锌矿表面的吸附；其中，松醇油分子中的 O 原子与闪锌矿表面的 In 和 Fe 原子之间共价性较强，与 Ge 原子间的键趋向于离子键。

③ 松醇油主要通过物理吸附作用在矿物表面，并使得闪锌矿在浮选过程中出现了聚团现象。

第 8 章
新型活化剂的研究及实践

前面的研究结果表明载铟和载锗闪锌矿由于 In、Ge 及 Fe 等杂质元素取代 Zn 而进入闪锌矿晶格中导致其具有有别于普通闪锌矿的特殊物理化学性质，进而导致其浮选行为的差异及回收的难度增加。

传统的硫酸铜活化通常在 pH＝11～13.5 的高碱条件下，既能活化较难浮的铁闪锌矿或被氧化的闪锌矿，也能活化难浮的黄铁矿和磁黄铁矿，使其易进入锌精矿，影响其质量[225,226]；而碱性条件下载铟和载锗闪锌矿受到的抑制作用明显强于普通闪锌矿，且随着碱性的增强其受到的抑制作用会不断增强；此外，硫酸铜对载铟和载锗闪锌矿的活化作用及效率也随 pH 值的增加而减弱，而活化的好坏直接影响捕收剂的吸附效果，进而影响最终浮选结果。因此，高碱环境并不适合载铟和载锗闪锌矿的高效浮选回收。基于以上原因，我们自主研发了闪锌矿的新型活化剂 X-43，克服了硫酸铜的活化效果不理想、选择性不高的难题，突破了在低碱环境下，选择性活化闪锌矿，特别是载铟和载锗闪锌矿的技术瓶颈，解决了载铟和载锗闪锌矿难以高效开发利用的资源困境；同时，低碱环境浮选，降低了石灰用量，不仅减少了管道结垢，而且更有利于后续选硫、选锡作用的进行，有效提高了资源综合利用。

8.1 新型活化剂对载体闪锌矿浮选的影响

8.1.1 活化剂用量对浮选的影响

以丁黄药为捕收剂（用量为 10mg/L），在 pH＝7 的条件下，对比了新型活化剂 X-43 与传统活化剂硫酸铜用量对闪锌矿及黄铁矿浮选行为的影响规律，试验结果见图 8.1。

由图 8.1 可知：

① X-43 与硫酸铜对 4 种矿物浮选回收率的规律基本一致，闪锌矿的上浮率随着活化剂用量的增加而增大，且最大上浮率相差不大，而黄铁矿则相反，且使用 X-43 时，黄铁矿的回收率下降更快。主要是因为活化剂对黄铁矿的活化效率较慢，矿浆中游离的活化剂离子会先消耗捕收剂而造成捕收剂浓度的不足进而导致较低的回收率。

② 活化剂的用量存在一定差异，硫酸铜用量在 10mg/L 时 3 种闪锌矿基本达到最大值，而 X-43 则需要 15mg/L，可见 X-43 用量稍高，但事实上 15mg/L 的 X-43 的成本远小于 10mg/L 的硫酸铜，因此，尽管 X-43 用量较大，但仍存在价格优势。

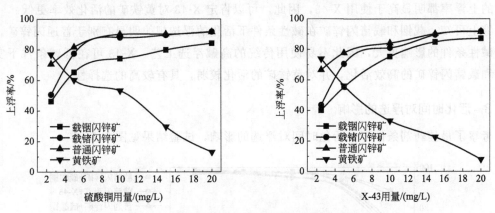

图 8.1　活化剂用量对 4 种矿物浮选行为的影响

8.1.2　pH 对浮选的影响

在最佳药剂用量下考察了 pH 值对 4 种矿物浮选的影响，试验结果见图 8.2。

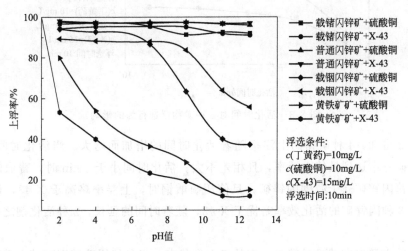

图 8.2　pH 值对 4 种矿物浮选行为的影响

由图 8.2 可以看出：

① 普通闪锌矿在整个 pH 值范围内均有较好的可浮性，上浮率均在 97% 以上且几乎呈直线分布，由此可见，最佳药剂条件下 pH 值对普通闪锌矿的影响几乎可以忽略。

② 载锗闪锌矿在酸性条件下上浮率优于碱性条件，其中在 pH＜7 的酸性和 pH＞11 的高碱条件下，硫酸铜活化浮选的效果略优于 X-43；在 7＜pH＜11（低碱条件下），X-43 效果略好；但可以看出，7＜pH＜11 时，使用 X-43 时的上浮率明显高于 pH＞11 的高碱环境中硫酸铜效果。

③ 载铟闪锌矿同样在酸性条件下上浮率最好，当 pH＞7 后，载铟闪锌矿的上浮率急剧下降，但很明显，使用 X-43 时，其下降速率更慢，说明 X-43 在碱性条件下的活化效率更高。

④ 黄铁矿的上浮率随 pH 值的增加而不断降低，但整个 pH 值范围内，使用硫酸铜时黄铁矿的上浮率都明显高于使用 X-43，因此，可以肯定 X-43 对黄铁矿的活化效率更低。

综上可知，载铟和载锗闪锌矿在碱性条件下活化的浮选规律明显有别于普通闪锌矿，其受到碱性条件的影响更大，因此不易使用传统的高碱浮选工艺。X-43 可在低碱条件下实现载铟和载锗闪锌矿的高效活化，并对黄铁矿的活化较弱，具有较高的选择性。

8.1.3　活化时间对浮选的影响

考察了最佳药剂条件下，活化时间对浮选的影响，试验结果见图 8.3。

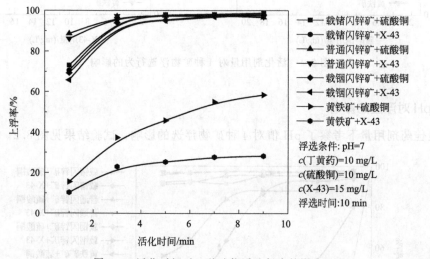

图 8.3　活化时间对 4 种矿物浮选行为的影响

由图 8.3 可知，4 种矿物的上浮率随着活化时间的增加而增大。当活化时间超过 3min 后 3 种闪锌矿基本达到最佳上浮率，且相差不大；活化时间小于 3min 时，普通闪锌矿的上浮率高于载锗闪锌矿高于载铟闪锌矿，且使用硫酸铜时，上浮率略高于 X-43，说明短时间内硫酸铜对 3 种闪锌矿的活化效率略优于 X-43，随着时间的延长，2 种活化剂之间的差异不断缩小。

黄铁矿的上浮率在试验时间内一直处于上升状态，但是使用硫酸铜时其上升速率及上浮率均远远高于 X-43，可见，X-43 对黄铁矿的活化作用明显低于硫酸铜。而实际生产过程中部分药剂会不断在浮选机中循环，因此这部分药剂与矿物的作用时间会被迫延长。因此，硫酸铜长时间的活化作用反而是对锌硫分离不利的，X-43 具有明显的活化时间优势。

8.2　新型活化剂的作用机理分析

8.2.1　接触角测定

接触角的大小随着疏水程度的增大而增大，颗粒疏水性越高，越容易与气泡发生稳定吸附，矿物越容易上浮。接触角是反映矿物表面亲水性与疏水性强弱程度的一个物理量，成为衡量润湿程度的尺度。它既能反映矿物的表面性质，又可作为评定矿物可浮性的一种指标。药剂作用前后 4 种矿物的接触角见表 8.1。

由表 8.1 可知：

① 天然矿物中黄铁矿的接触角最大，其次是普通闪锌矿，载铟闪锌矿最小；

② 使用活化剂或同时使用活化剂与捕收剂作用后测得的接触角均有不同程度的增加；

③ 在 3 种闪锌矿中，接触角增加顺序为：X-43＋丁黄药＞硫酸铜＋丁黄药＞X-43＞硫酸铜，说明 X-43 对闪锌矿的活化能力比硫酸铜更强，且与捕收剂之间也有较强的协同作用；

④ 在黄铁矿中，接触角增加顺序为：硫酸铜＋丁黄药＞X-43＋丁黄药＞硫酸铜＞X-43，说明 X-43 对黄铁矿的活化能力更弱，具有较好的选择性。

表 8.1　不同药剂作用前后矿物的接触角

矿物	表面处理	接触角	增减值
普通闪锌矿	—	70.50	—
	硫酸铜	73.55	3.05
	硫酸铜＋丁黄药	79.58	9.08
	X-43	76.45	5.95
	X-43＋丁黄药	81.80	11.30
载锗闪锌矿	—	62.75	—
	硫酸铜	67.72	4.97
	硫酸铜＋丁黄药	74.28	11.53
	X-43	70.38	7.63
	X-43＋丁黄药	79.17	16.42
载铟闪锌矿	—	56.88	—
	硫酸铜	60.72	3.84
	硫酸铜＋丁黄药	70.28	13.40
	X-43	61.38	4.50
	X-43＋丁黄药	72.17	15.29
黄铁矿	—	72.63	—
	硫酸铜	77.25	4.62
	硫酸铜＋丁黄药	83.33	10.70
	X-43	76.25	3.62
	X-43＋丁黄药	79.88	7.25

注：1. 表中的增减值为不同药剂条件处理后相对于天然矿物接触角的差值。

2. 文献所得天然黄铁矿的接触角为：{100} 面 69°、{010} 面 74°。天然闪锌矿的接触角为 75°～90°。

8.2.2　疏水聚团行为

由于载铟、载锗和普通闪锌矿的疏水聚团电镜图片相互间的差异性较小，肉眼很难区分，因此，本节以普通闪锌矿为例，考察了不同药剂体系下所产生的疏水颗粒和聚团现象，试验结果见图 8.4～图 8.7。

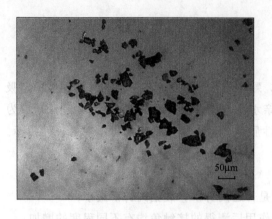

图 8.4　无药剂作用时闪锌矿疏水聚团

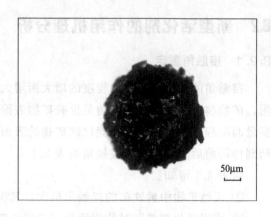

图 8.5　X-43 和丁黄药处理后闪锌矿疏水聚团

图 8.6　硫酸铜和丁黄药处理后闪锌矿的疏水聚团

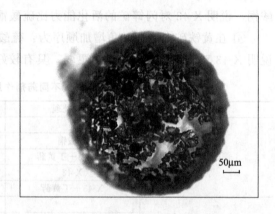

图 8.7　带矿微泡（X-43、丁黄药处理）

由图 8.4 可知，无药剂作用的闪锌矿几乎呈松散的独立颗粒分布，并无明显的聚团现象，可见其疏水性相对较差。

由图 8.5 和图 8.6 可知，经硫酸铜和 X-43 活化处理，再加入捕收剂丁黄药作用后，闪锌矿表面的疏水性大大增加，呈现出明显的团聚现象；相比硫酸铜，X-43 处理后的闪锌矿聚团更为紧密，说明闪锌矿表面的疏水性更强，新活化剂 X-43 与捕收剂丁黄药及闪锌矿表面 3 者间的交互作用与协同作用更为明显。前人研究认为[227]，闪锌矿的聚团行为在 pH=7~9 范围内最为明显，这是由于大量 Zn^{2+} 从矿物中释放[228]，在弱碱性条件下优先生成了 $[Zn(OH)_2(H_2O)_2]_n^0$，并引起了闪锌矿的团聚。

图 8.7 为 X-43 和丁黄药处理后浮出的带矿微泡电镜图，与常规浮选泡沫不同，微泡所携带的闪锌矿的矿量更多，吸附更为紧密。当然，硫酸铜处理后的微泡同样具有相似的特征，肉眼很难区分它们之间的差异性。

8.2.3　X 射线光电子能谱分析

X 射线光电子能谱分析（X-ray photoelectron spectroscopy，XPS）是表面分析的主要技术手段之一，先用 X 射线去辐射样品，使原子或分子的内层电子或价电子受激发射出来，再通过测量光电子的能量而得到光电子能谱图。光电子能谱图可以对表面元素进行定性分析，如元素组成及分布、化学价态等。

取 1g 样品和 40mL 蒸馏水放入 100mL 的烧杯中，先用超声波清洗 5min，然后用新的蒸馏水反复清洗 5 次，以去除硫化矿表面的氧化膜，再加入一定浓度的药剂和适量的蒸馏水后在磁力搅拌器上反应 5min，然后滴滤、真空低温烘干后得到待测样品。把待测样品固定在美国 PHI 公司的 PHI550 型 X 射线光电子能谱仪样品台上，在超高真空条件下进行 XPS 分析，一般 XPS 检测前先用 C 1s 来进行设备的校准，标定为 284.6eV。

以普通闪锌矿为例，深入研究了新活化剂 X-43 与硫酸铜活化后矿物表面的异同。图 8.8、图 8.9 为闪锌矿与不同药剂在弱碱性条件下（pH＝8）作用后矿物表面的 Cu 及 S 原子的 2p 轨道 XPS 能谱。

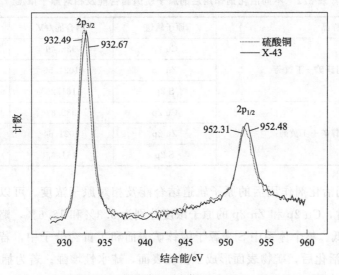

图 8.8　活化剂及丁黄药作用后闪锌矿表面 Cu 原子的 2p 谱

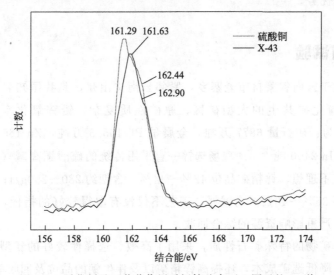

图 8.9　活化剂及丁黄药作用后闪锌矿表面 S 原子的 2p 谱

由图 8.8 可知，2 种活化剂作用后 Cu 原子的 2p 谱基本相同，主要由 2 个峰组成，位于 952eV 附近的 Cu $2p_{1/2}$ 和 932eV 附近的 Cu $2p_{3/2}$ 峰分别为一价和二价铜的特征峰。此外，使用 X-43 时，Cu 原子 2 个峰略向高能方向偏移，说明 Cu 的氧化态增强，更容易与带负电的捕收剂结合。

由图 8.9 可知，药剂作用后闪锌矿表面的 S 存在 2 个峰，分别处于 161eV 和 162eV 附近，其中 161.2~162.3 范围内的峰为二价硫的峰（S^{2-}），162.4~164.3eV 范围内的峰为多硫化物的峰（S_n^{2-}）；相比硫酸铜，X-43 作用后硫原子的变化更明显，结合能向高能方向偏移 0.34eV，表明硫原子价电子壳层中电子云密度降低，说明 X-43 与闪锌矿表面及捕收剂之间有很强的交互作用。

表 8.2　不同活化剂作用后的原子轨道结合能及相对原子浓度

样品	原子轨道	结合能/eV	原子浓度/%
硫酸铜+闪锌矿+丁黄药	Cu 2p	932.49	9.3
	Zn 2p	1021.56	18.6
	S 2p	161.29	20.2
X-43+闪锌矿+丁黄药	Cu 2p	932.67	9.1
	Zn 2p	1021.64	17.0
	S 2p	161.63	21.1

表 8.2 为不同活化剂作用后的原子轨道结合能及相对原子浓度。可以看出，药剂作用后，使用硫酸铜时，Cu 2p 和 Zn 2p 的原子浓度分别为 9.3% 和 18.6%，略高于 X-43，但 S 2p 浓度却相对较低。整个体系中 S 来源于闪锌矿表面和丁黄药分子中，若闪锌矿表面 S 占主导，说明 X-43 活化后，矿物表面形成了富硫表面，疏水性增强；若为捕收剂分子中的 S，说明矿物表面吸附了更多的捕收剂；2 种情况都是有利于闪锌矿浮选的。因此 X-43 比硫酸铜表现出了更大的优势。

8.3　实际矿石试验

蒙自白牛厂位于云南省蒙自市老寨乡，紧邻云南文山州，是我国知名的含铅、锌、银、铟、锡等多金属硫化矿共生的大型矿区，原矿性质复杂，铅锌氧化率较高，嵌布粒度细[229]。资源储量为：矿石量 6877 万吨，金属量 Pb 105.5 万吨，Zn 165 万吨，Sn 8.6 万吨，Ag 6266 吨，In 2400 吨[230]。现场选锌一直采用传统的硫酸铜高碱（pH＞11）活化工艺，锌的指标一直不理想，锌精矿品位 42%~44%，含铟约 280~290g/t；锌回收率 85%~88%，铟的回收率 35%~40%。高碱浮选工艺不仅没有取得较好的指标，并且还对后续的选硫、选锡不利，严重影响资源的综合回收。

针对白牛厂锌矿物的特殊矿石性质，采用了高效、选择性较好的新型活化剂 X-43，不仅减少石灰用量，降低选矿成本，还提高锌精矿以及伴生铟的品位及回收率，实现了资源的综合回收。

8.3.1　原矿性质

8.3.1.1　化学成分分析

化学多元素分析可以查明矿石中主要元素及其组分含量，以确定矿石的性质与特点，原矿的化学多元素分析结果见表 8.3。

表 8.3　原矿化学成分分析结果

成分	Pb	Zn	Sn	MgO	Cu	SiO₂	CaO
含量	0.48%	2.61%	0.26%	2.71%	0.086%	40.04%	5.10%
成分	S	Fe	As	In	Ag		
含量	26.21%	40.80%	0.50%	25.40g/t	42.30g/t		

由表 8.3 可知，原矿中铅的含量比较低，仅为 0.48%，锌的含量为 2.61%，是主要回收的有价成分；硫和铁的含量分别高达 26.21% 和 40.80%，是主要的杂质元素；In、Ag 的含量分别为 25.40g/t 和 42.30g/t，可作为综合回收的对象；矿样中主要脉石矿物为氧化钙、氧化镁、石英等，碱性系数 $(CaO+MgO)/(SiO_2)=0.2$，属酸性较高的矿石。可见该矿样属高硫、高铁、难选多金属硫化铅锌矿石。

8.3.1.2　物相分析

物相分析可以确定铅锌矿石中铅、锌的赋存状态、含量及分配率，为确定矿石选冶工艺及条件提供依据。试样的铅物相和锌物相分析结果分别见表 8.4 和表 8.5。

表 8.4　铅的物相分析结果

矿物	铅矾	白铅矿	方铅矿	铅铁矾及其他	总量
含量/%	<0.01	<0.01	0.40	0.06	0.48
分布率/%	2.08	2.08	83.34	12.50	100.00

表 8.5　锌的物相分析结果

矿物	碳酸盐	硅酸盐	硫化物	锌铁尖晶石及其他	总量
含量/%	0.126	0.108	2.35	0.026	2.61
分布率/%	4.83	4.14	90.04	0.99	100.00

由表 8.4 和表 8.5 可知：方铅矿是主要的含铅矿物，占总铅的 83.34%，其他难回收的矿物多为氧化矿，占 16.66%；硫化物中的锌占总锌的 90.04%，氧化率为 9.96%；方铅矿和闪锌矿是浮选回收的主要目的矿物。

8.3.2　活化剂用量试验

本节主要考察活化剂对闪锌矿浮选的影响，但矿物中还含有一定的铅矿物，为了排除铅矿物对锌浮选的影响，选锌作业前先进行脱铅浮选，经确定铅浮选的最佳药剂制度：石灰用量为 3000g/t，组合抑制剂 $ZnSO_4$：Na_2SO_3 用量为 800g/t：600g/t，组合捕收剂 MA：DDTC 用量为 20g/t：30g/t，2# 油用量为 30g/t，采用一次粗选可以浮选出 80% 以上的铅矿物，优先排除了铅矿物，而且锌几乎没有损失。

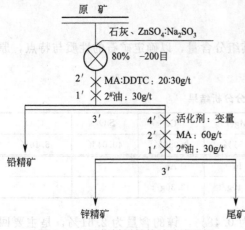

图 8.10　活化剂用量的试验流程图

由于在浮选铅的过程中对锌进行了抑制，因此在浮选锌时必须先对锌矿物进行活化。硫酸铜是锌矿物的常用活化剂，也是蒙自矿业有限公司浮选厂所采用的活化剂，而 X-43 是一种铁闪锌矿高效、选择性较好的新型活化剂，对黄铁矿几乎没有活化作用。活化剂的用量对浮选指标影响很大，最佳的活化剂用量不仅可以达到高效回收锌矿物及其伴生矿物铟，还可以节约药剂成本，不会造成药剂的浪费。因此，通过一次粗选考察了活化剂用量对锌矿物及伴生铟浮选的影响，试验流程如图 8.10，试验结果见图 8.11 和图 8.12。

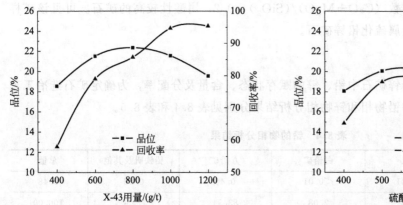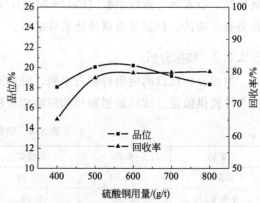

图 8.11　活化剂用量对锌精矿品位和回收率的影响

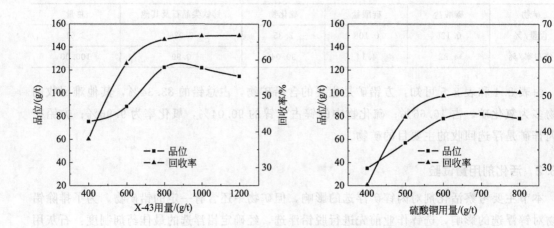

图 8.12　活化剂用量对铟的品位和回收率的影响

　　图 8.11 为活化用量对锌精矿品位和回收率的影响。可以看出，随着活化剂用量的增加，锌精矿中锌的品位呈现先增加后降低的趋势，回收率在不断提高；当 X-43 用量达 1000g/t 时，锌的品位为 21.56%，回收率为 94.65%，指标较好；而硫酸铜用量为 600g/t 时，锌精矿的综合指标较好，锌的品位为 20.22%，回收率为 79.63%。

　　相比较可以看出，X-43 用量比硫酸铜要多 400g/t，但重要的是 1000g/t 的 X-43 药剂成本比 600g/t 的硫酸铜要低。同时可以看出，使用 X-43 时，锌的品位和回收率均比硫酸铜的指标要好，品位高 1.34 个百分点，回收率高 15.02 个百分点。说明新型活化剂 X-43 的选择性活化作用较强，对闪锌矿活化效果明显优于传统活化剂硫酸铜。

　　图 8.12 为活化用量对铟的品位和回收率的影响。可以看出，铟的指标同样在 X-43 用量达 1000g/t 时，硫酸铜用量为 600g/t 时较好；使用 X-43 时，铟的品位和回收率均比使用硫酸铜的指标要好，品位高 22.64g/t，回收率高 17.01 个百分点。铟的浮选规律同闪锌矿一致，可见铟主要赋存于闪锌矿中，因此，高效回收锌精矿的同时还可以提高铟的综合回收。

8.3.3　pH 值对浮选的影响

　　整个浮选过程采用石灰调节 pH 值，由于在浮选铅过程中已加入了 3000g/t 的石灰，因此选锌流程的 pH 值约为 9.5。常规的硫酸铜活化需在高碱条件下（pH＞11）进行，但高碱条件会使闪锌矿或铁闪锌矿极易受到抑制而影响主金属锌和伴生铟的回收。新型活化剂 X-43 可以在低碱（9＜pH＜10）条件下对铁闪锌矿进行高效活化，并且对黄铁矿（磁黄铁矿）几乎没有活化作用，实现了低碱条件下的锌硫分离。同样采用图 8.10 所示的浮选试验流程，在最佳的活化剂用量（X-43：1000g/t；硫酸铜：600g/t）下考察不同 pH 值对浮选指标的影响，试验结果见图 8.13 和图 8.14。

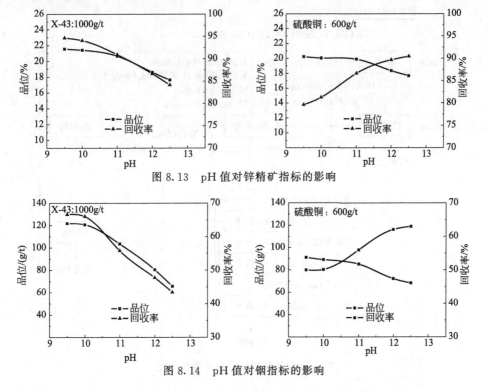

图 8.13　pH 值对锌精矿指标的影响

图 8.14　pH 值对铟指标的影响

由图 8.13 可以看出，使用 X-43 时，随着 pH 值的升高，锌精矿的品位和回收率均呈下降趋势，pH 值越高，锌精矿的品位和回收率越低；在 pH 值为 9.5 时锌精矿的品位和回收率分别为 21.67% 和 95.02%。而使用硫酸铜时，随着 pH 值的升高，锌精矿的回收率提高，但品位下降。在 pH 值为 12.5 时锌精矿的品位和回收率分别为 17.74% 和 90.45%。锌精矿品位比使用 X-43 时低了 3.93 个百分点，回收率低了 4.57 个百分点。说明硫酸铜对铁闪锌矿的活化作用虽然随 pH 值的升高而增强，但同时也增强了其对其他杂质矿物（黄铁矿，磁黄铁矿）的活化作用。而 X-43 不仅可以在低碱条件下实现对铁闪锌矿的高效活化，而且其对其他杂质矿物（黄铁矿，磁黄铁矿）的活化作用也较弱。

同时，由图 8.14 可以看出，铟的浮选指标与铁闪锌矿的变化趋势一致，使用 X-43 时，在 pH 值为 9.5 时，铟的品位和回收率分别为 121.86g/t 和 66.65%。而使用硫酸铜时，在 pH 值为 12.5 时锌精矿中铟的品位和回收率仅为 68.34g/t 和 63.01%，铟品位比使用 X-43 时低了 53.52g/t，回收率低了 3.64 个百分点。由此可见，伴生的稀散金属铟的指标受 pH 值的影响更大，随着主金属铁闪锌矿的浮选指标变化，其变化幅度更大。因此，每提高一点铁闪锌矿浮选指标，伴随回收铟的价值都是巨大的。

8.3.4 闭路试验

闭路试验可以考察循环物料如矿泥、药剂等对浮选的影响，是模仿连续的生产过程，其数据更接近生产，更具说服力。本次试验采用了与现场一样的工艺流程（1 粗 4 精 1 扫），仅活化剂和 pH 值不同，锌粗选使用 X-43 时，石灰用量为 0kg/t（pH=9.5），使用硫酸铜时石灰用量为 7kg/t（pH=12.5），其他药剂制度相同，试验流程及条件如图 8.15 所示。试验结果主要考察了铅、锌和铟，结果见表 8.6。

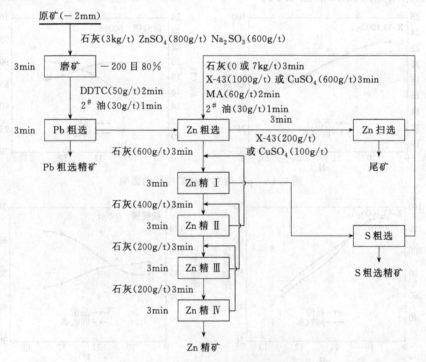

图 8.15 闭路试验流程及药剂制度

表 8.6　闭路试验结果

活化剂	pH	产品	品位			回收率/%		
			Pb/%	Zn/%	In/(g/t)	Pb	Zn	In
X-43	9.5	Pb 粗精矿	14.48	1.88	18.10	80.10	1.88	1.85
		Zn 精矿	0.45	45.34	350.70	4.77	89.84	68.76
硫酸铜	12.5	Pb 粗精矿	12.45	1.64	12.60	79.89	1.94	1.53
		Zn 精矿	0.35	39.56	270.00	3.66	83.38	57.36
		原矿	0.47	2.60	25.40	100.00	100.00	100.00

由表 8.6 可看出：两次闭路试验铅粗选时铅的回收率和铅粗精矿中锌及铟的损失率相差不大，保证了后续选锌作业是在同等条件下进行，数据更具说服力。新型活化剂 X-43 在低碱（pH=9.5）条件下浮选闭路流程中得到的锌精矿的指标更好，锌的品位可以达到 45.34%，回收率为 89.84%，锌精矿中铟的品位 350.70g/t，回收率 68.76%；与传统活化剂硫酸铜在高碱（pH=12.5）条件下的浮选所得到的锌精矿指标相比，锌的品位提高了 5.78 个百分点，回收率提高 6.46 个百分点，铟的品位提高了 80.70g/t，回收率提高了 11.4 个百分点。可见新型活化剂 X-43 可在低碱条件下高效活化载铟闪锌矿，降低了高碱性条件下石灰对铁闪锌矿的抑制作用，与传统的硫酸铜高碱活化相比具有明显优势。

8.4　新型活化剂的工业应用

云南文山都龙矿区是我国最大的复杂难选铜锌铟锡多金属矿，其中含锌 324 万吨、铟 5699t、锡 30 万吨、铜 7.8 万吨，铟和锡储量分别居全国第一和第三位，锌储量居云南第三位，锌、铟、锡、铜金属的潜在经济价值超过 1100 亿元；矿石中的铜矿物、锌矿物、锡石和硫化铁等矿物嵌布粒度细，共生关系密切，锌矿物多为高铁或者超高铁闪锌矿，铁含量达到 20% 左右，曾一度被判为不能经济有效利用的"呆"矿，属典型的细、贫、杂难选矿石。

8.4.1　矿石的构造

① 致密块状构造。矿石呈黑色、灰黑色，在部分矿石中，磁黄铁矿集中分布，占矿石的 50% 以上，构成矿石的致密块状构造，多为富含铜锌的磁黄铁矿矿石。

② 斑杂状构造。金属硫化矿物呈大小不一的他形颗粒分布于脉石中，主要为嵌布粒度很细的含铜、含锌矿石。

③ 细粒浸染状构造。脉石矿物中分布有较密集的点状或细脉状金属硫化物，主要为嵌布粒度很细的含铜矿石以及毒砂。

④ 定向构造。部分矿物定向排列明显，多为含云母、透闪石等的脉石。

8.4.2　化学成分分析

对试样中所含的主要元素进行化学分析，结果见表 8.7。

表 8.7 试样的主要化学成分分析结果

化学成分	Cu	Zn	Sn	TFe	Pb	S	Cd	P	As
含量	0.20%	3.93%	0.47%	22.70%	0.057%	9.90%	130g/t	0.028%	0.30%
化学成分	Au	Ag	In	SiO_2	Al_2O_3	CaO	MgO	K_2O	Na_2O
含量	<0.01g/t	4.90g/t	90.50g/t	24.06%	5.35%	3.19%	4.47%	1.11%	0.08%

由表 8.7 可知：试样中有价元素含量为铜 0.20%、锌 3.93%、锡 0.47%、铁 22.70%；稀贵金属铟、银、金和镉的含量分别为 90.50g/t、4.9g/t、小于 0.01g/t 和 130g/t，表明该矿石为铜锌锡多金属矿石，并伴生有铟、银等稀贵金属。脉石矿物：二氧化硅 24.06%、三氧化二铝 5.35%、氧化镁 4.47%、氧化钙为 3.19%。经 X 射线衍射分析，确定含氧化硅、氧化镁以及氧化钙的脉石矿物主要为白云母、黑云母、透闪石、滑石和绿泥石等，选别时需要考虑消除云母和滑石等对铜、锌矿物浮选的影响，消除绿泥石对锡石重选的干扰。

8.4.3 矿物种类组成分析

XRD 经化学多元素、人工重砂、电子探针、X-射线粉晶衍射等分析，发现矿石中主要有硫化物、氧化物、硅酸盐、碳酸盐、卤化物五类共 22 种矿物存在，其中硫化物约占 23.36%，氧化物约占 21.38%，硅酸盐约占 47.5%，其他少量，详见表 8.8。

表 8.8 主要矿物成分

类型	矿物名称	分子式	粒度/mm	含量/%
硫化物	铁闪锌矿	$[Zn_xFe_{1-x}]S$	0.006~0.4	7.12
	黄铜矿	$CuFeS_2$	<0.01 / 0.02~0.06	0.4
	毒砂	FeAsS	0.05~0.15	0.4
	磁黄铁矿	$Fe_{1-x}S(x=0~0.223)$	0.01~1.2	13.5
	黝铜矿	$Cu_{12}(SbAs)_4S_{13}$	0.02~0.06	偶见
	辉铜矿	Cu_2S	0.03~0.06	偶见
	黄铁矿	FeS_2	0.01~0.2	2.2
	硫锌银矿	Ag(Zn,Fe)S	<0.001	探针下见
	硫铋银矿	AgBiS	<0.003	探针下见
氧化物	磁铁矿	Fe_3O_4	0.03~3	10.3
	褐铁矿	$Fe_2O_3 \cdot H_2O$	0.003~0.06	偶见
	石英	SiO_2	0.04~0.1	10.5
	锡石	SnO_2	0.03~0.15	0.58
硅酸盐	白(绢)云母	$K\{Al_2[AlSi_3O_{10}](OH)_2\}$	0.01~0.2	12.5
	黑云母	$K\{(Mg_{<2/3}Fe_{>1/3})_3[AlSi_3O_{10}](OH)_2\}$	0.1~0.3	
	透闪石	$Ca_2[MgFe]_5[Si_8O_{22}](OH)_2$	0.1~0.5	7
	黑柱石	$CaFe_2^{2+}Fe^{3+}[Si_2O_7]O(OH)$	0.05~2	4.5
	绿泥石	$(Mg,Fe,Al)_3(OH)_6\{(Mg,Fe^{2+},Al)_3[(Si,Al)_4O_{10}](OH)_2\}$	0.03~0.1	11
	滑石	$Mg_3[Si_4O_{10}](OH)_2$	0.05~0.4	12.5

类型	矿物名称	分子式	粒度/mm	含量/%
碳酸盐	白云石	$CaMg[CO_3]_2$	0.1～0.4	偶见
卤化物	萤石	CaF_2	0.1～0.5	6
	氟镁石	MgF_2	0.05～0.4	少
合计	—	—	—	98.5

表 8.8 结果分析表明：试样中主要金属矿物为铁闪锌矿、黄铜矿、磁黄铁矿、黄铁矿、锡石、磁铁矿，有少量毒砂。脉石矿物主要为石英、云母、透闪石、黑柱石、绿泥石、滑石、白云石和萤石等。

8.4.4　化学物相分析

对锌、铜和铁元素进行化学物相分析，结果见表 8.9～表 8.11。

表 8.9　锌的物相分析结果

锌物相	异极矿矽锌矿	水锌矿菱锌矿	硫化锌	锌铁尖晶石及其他	总锌
含量/%	0.057	0.027	3.596	0.25	3.93
分布率/%	1.44	0.68	91.45	6.43	100.00

表 8.10　铜的物相分析

铜物相	硫酸盐	游离氧化铜	结合氧化铜	硫化物及其他	总铜
含量/%	0.001	0.006	0.005	0.188	0.20
分布率/%	0.56	2.78	2.52	94.14	100.00

表 8.11　铁的物相分析

铁物相	磁铁矿	菱铁矿等碳酸盐	硅酸铁	黄铁矿等硫化物	赤铁矿及其他	总铁
含量/%	6.72	0.72	4.12	10.30	0.84	22.70
分布率/%	29.60	3.17	18.15	45.38	3.70	100.00

结果表明：锌主要以硫化锌的形式存在，分布率为 91.45%，异极矿、矽锌矿分布率为 1.44%，锌铁尖晶石及其他分布率为 6.43%。铜主要以硫化铜的形式存在，分布率为 94.14%，硫酸盐分布率为 0.56%，游离氧化铜分布率为 2.78%，结合氧化铜分布率为 2.52%。铁主要以黄铁矿等硫化物的形式存在，其分布率为 45.38%，磁铁矿分布率为 29.60%，菱铁矿等碳酸盐分布率为 3.17%，硅酸铁的分布率为 18.15%，赤铁矿及其他 3.7%。

8.4.5　铟的赋存状态

经化学分析，矿石中含铟 90.5g/t，铟主要以类质同象的形式赋存在硫化物中，详见表 8.12。

表 8.12　铟在主要矿物中的分布率

矿物	矿物质量分数/%	矿物中铟的含量/(g/t)	矿物中铟的分配量/%	铟在各矿物中的分布率/%
铁闪锌矿	7.12	899	64.01	69.85
黄铜矿	0.40	870	3.48	3.80
黄铁矿	2.20	21	0.46	0.50
磁黄铁矿	13.50	4.89	0.66	0.72
磁铁矿	10.30	0	0	0
硅酸盐	47.50	47.85	22.73	24.80
其他	18.98	1.07	0.30	0.33
合计	100	—	91.64	100

平衡系数＝（90.5－91.64）/90.5＝－1.26%，平衡系数低于±10%，计算结果可靠；集中系数＝（64.07＋4.29）/90.5＝75.54%。铟在铁闪锌矿、黄铜矿等硫化物中不是以独立矿物的形式存在，但其含量较高，容易富集到精矿中，因此，铟在这类矿物中的分配量可以作为集中系数计算的依据。

表 8.12 的计算结果表明，铟主要以类质同象的形式赋存在铁闪锌矿中，其分布率为69.85%，其次以微细粒包裹或类质同象的形式赋存在硅酸盐矿物中，其分布率为24.80%，铟在黄铜矿和黄铁矿中分布率分别为3.80%和0.50%；其它矿物中分布率仅为0.33%。

8.4.6　工业试验及应用

新型活化剂 X-43 的工业试验流程见图 8.16，锌精矿的品位和回收率见表 8.13，共伴生的稀贵金属铟、银、镉的回收结果见表 8.14，X-43 活化条件下锌精矿的主要化学成分分析结果见表 8.15。

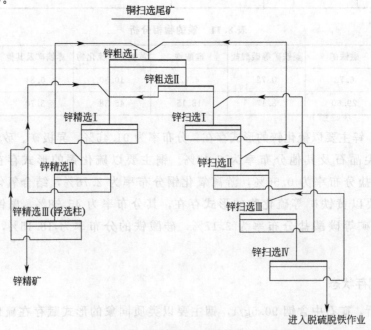

图 8.16　载铟闪锌矿工业试验的工艺流程

表 8.13　铁闪锌矿浮选的工业试验结果

指标 活化剂	原矿品位/%	精矿品位/%	含硫/%	尾矿品位/%	回收率/%	活化剂/(g/t)	捕收剂/(g/t)
X-43	3.34	47.16	33.08	0.36	89.96	929.84	74.85
硫酸铜	3.18	46.00	35.20	0.41	87.61	449.45	77.79

表 8.14　稀贵金属铟、银和镉的回收结果

条件		品位/(g/t)			回收率/%		
		铟	银	镉	铟	银	镉
X-43	精矿	696.3	17.25	1550	61.36	24.98	89.76
	原矿	72.3	4.40	110	100.0	100.0	100
硫酸铜	精矿	687.1	14.41	1500	58.76	20.29	86.51
	原矿	70.8	4.30	105	100.0	100.0	100

注：铟、银和镉品位单位为 g/t。

表 8.15　锌精矿的主要化学成分分析结果

化学成分	Zn	Cu	Sn	TFe	S	In	Ag	Cd	SiO_2
含量	47.16%	0.67%	0.19%	17.01%	33.48%	696.3g/t	17.25g/t	1550g/t	0.72%

由表可知：

① 工业试验 X-43 条件下锌精矿含锌、铜、锡、铁、硫、铟、银和镉含量分别为 47.16%、0.67%、0.19%、17.01%、33.48%、696.3g/t、17.25g/t 和 1550g/t。

② 使用 X-43：在 X-43 用量为 929.84g/t，捕收剂用量为 74.85g/t 的条件下，锌精矿中锌的平均品位和回收率分别为 47.16% 和 89.96%，含硫为 33.08%，铟的品位和回收率分别为 696.3g/t 和 61.36%，银的品位和回收率分别为 17.25g/t 和 24.98%，镉的品位和回收率分别为 1550g/t 和 89.76%。

③ 使用硫酸铜：在硫酸铜用量为 449.45g/t，捕收剂用量为 77.79g/t 的条件下，锌精矿的平均品位和回收率分别为 46.00% 和 87.61%，含硫为 35.20%，铟的品位和回收率分别为 687.1g/t 和 58.76%，银的品位和回收率分别为 14.41g/t 和 20.29%，镉的品位和回收率分别为 1500g/t 和 86.51%。

④ X-43 的生产指标比硫酸铜的好，锌精矿中锌的品位和回收率分别提高了 1.16 和 2.35 个百分点，含硫降低了 2.12 个百分点，铟的品位和回收率分别提高了 9.2g/t 和 2.6 个百分点，银的品位和回收率分别提高了 2.84g/t 和 4.69%，镉的品位和回收率分别提高了 50g/t 和 3.25 个百分点。活化剂 X-43 的用量比硫酸铜多 480.39g/t，捕收剂用量少 2.94g/t。

目前，新药剂 X-43 已在新建的全球第二大、亚洲第一大的单系列 8000 t/d 新田选矿厂成功应用，取得了理想的生产指标，锌精矿中锌的平均品位和回收率分别达到了 47% 和 90% 以上，并大幅提高了伴生的稀贵金属铟、银和镉等的回收率，达到了资源高效综合利用的目的。

8.5 本章小结

硫酸铜活化存在诸多缺点，尤其不利于载铟和载锗闪锌矿等的高效回收。因此，我们自主研发了新型高效的活化剂 X-43，并通过单矿物浮选试验、接触角测定、XPS 等研究了其作用机理，最后通过实际矿物验证其高效实用性，主要结论如下：

① X-43 的用量比硫酸铜稍高，但成本更低；可在低碱条件下高效活化载铟、载锗闪锌矿且对黄铁矿的活化较弱，更有利于锌-硫分离。

② 在闪锌矿中，接触角增加顺序为：X-43＋丁黄药＞硫酸铜＋丁黄药＞X-43＞硫酸铜，说明 X-43 对闪锌矿的活化能力比硫酸铜更强，且与捕收剂之间也有较强的协同作用；在黄铁矿中，接触角增加顺序为：硫酸铜＋丁黄药＞X-43＋丁黄药＞硫酸铜＞X-43，说明 X-43 对黄铁矿的活化能力更弱，具有较好的选择性。

③ 经活化剂与捕收剂作用后，闪锌矿表面的疏水性大大增加，呈现出明显的团聚现象，但相比硫酸铜，X-43 处理后的闪锌矿聚团更为紧密，说明闪锌矿表面的疏水性更强，新活化剂 X-43 与捕收剂丁黄药及闪锌矿表面 3 者间的交互作用与协同作用更为明显。

④ 与硫酸铜相比，使用 X-43 时，Cu、Zn 和 S 原子的电子结合能均向高能方向偏移更高，氧化态增强，说明 X-43 更容易与闪锌矿作用，并增强了其表面疏水性。

⑤ 实际矿石浮选表明，新型活化剂 X-43 可在低碱（pH＝9.5）条件下得到较好的浮选指标，与传统活化剂硫酸铜在高碱（pH＝12.5）条件下的浮选所得到的锌精矿指标相比，锌的品位提高了 5.78 个百分点，回收率提高 6.46 个百分点，铟的品位提高了 80.70g/t，回收率提高了 11.4 个百分点。

⑥ 新药剂 X-43 在新建的 8000 t/d 的新田选矿厂成功应用，锌精矿中锌的平均品位和回收率分别达到了 47％和 90％以上，并大幅提高了伴生的稀贵金属铟、银和镉等的回收率，达到了资源高效综合利用的目的。

参考文献

［1］ 陈建军. 铅锌矿选矿工艺研究［J］. 建材发展导向，2013（8）：243-244.

［2］ Dolotov S M，Koldunov L M，Koldunov M F，et al. Nonlinear absorption of laser radiation by zinc and lead phthalo-cyanines and zinc porphyrin in a nanoporous-glass/polymer composite［J］. Quantum Electronics，2012，42（1）：39-43.

［3］ Wang B B，Zhu M K，Wang H，et al. Study on effects of sodium hydroxide on synthesis of zinc telluride nanocrystals by hydrothermal method［J］. Materials Science in Semiconductor Processing，2012，15（2）：131-135.

［4］ 邓昕. 国外铅锌资源概览［J］. 世界有色金属，2008（10）：23-25.

［5］ 李四林，马瑶瑶. 我国铅锌矿资源开发治理模式及政策研究——以陕西省卡子镇铅锌矿资源为例［J］. 安全与环境工程，2010，17（6）：88-93.

［6］ 雷力，周兴龙，文书明，吴谊民，季清武. 我国铅锌矿资源特点及开发利用现状［J］. 矿业快报，2007（9）：1-4.

［7］ 葛振华. 我国铅锌资源现状及未来的供需形势［J］. 世界有色金属. 2003（9）：4-7.

［8］ 马苗卉. 我国铅锌资源现状及发展政策建议［J］. 资源发展. 2008（2）：21-25.

［9］ 饶天龙. 云南铅锌资源基本特征及超大型铅锌矿床找矿前景［J］. 中国矿业，2008，17（3）：107-110.

［10］ 周跃，周李蕾，周贺鹏，等. 铁闪锌矿选矿技术的现状与进展［J］. 四川有色金属，2008（4）：5-8.

［11］ Jarosinski A. Purification of sphalerite concentrate in the chemical and flotation way［J］. Polish Journal of Chemical Technology，2009，10（4）：20-24.

［12］ Partha Patra，Natarajan K A. Role of mineral specific bacterial proteins in selective flocculation and flotation［J］. International Journal of Mineral Processing，2008，88：53-58.

［13］ Tong Xiong，Song Shaoxian，He Jian. Alejandro Lopez-Valdivieso，Flotation of indium-beard marmatite from multi-metallic ore［J］. Rare Metals，2008，27（2）：107-111.

［14］ Ignatkina V A，Bocharov V A，Tubdenova B T. Combinations of different-class collectors in selective sulphide-ore flotation［J］. J Min Sci，2010（46）：82-88.

［15］ Chandra A P，Gerson A R. A review of the fundamental studies of the copper activation mechanisms for selective flo-tation of the sulfide minerals，sphalerite and pyrite［J］. Advances in Colloid and Interface Science，2009，145（1）：97-110.

［16］ Chen Jianhua，Chen Ye. A first-principle study of the effect of vacancy defects and impurities on the adsorption of O2 on sphalerite surfaces［J］. Colloids and Surfaces A：Physicochemical and Engineering Aspects，2010，363（1-3）：56-63.

［17］ Yuri Mikhlin，Anton Karacharov，Yevgeny Tomashevich，Andrey Shchukarev. Interaction of sphalerite with potas-sium n-butyl xanthate and copper sulfate solutions studied by XPS of fast-frozen samples and zeta-potential measure-ment［J］. Vacuum，2016，125：98-105.

［18］ Deng Meijiao，Liu Qingxia，Xu Zhenghe. Impact of gypsum supersaturated water on the uptake of copper and xan-thate on sphalerite［J］. Minerals Engineering，2013，49：165-171.

［19］ Xie Lei，Shi Chen，Wang Jingyi，Huang Jun，Lu Qiuyi，Liu Qingxia，Zeng Hongbo. Probing the interaction be-tween air bubble and sphalerite mineral surface using atomic force microscope［J］. Langmuir，2015，31（8）：2438-2446.

［20］ Long Xianhao，Chen Jianhua，Chen Ye. Adsorption of ethyl xanthate on ZnS（110）surface in the presence of water molecules：A DFT study［J］. Applied Surface Science，2016，370：11-18.

［21］ Liu Jian，Wen Shuming，Deng Jiushuai，Chen Xiumin，Feng Qicheng. DFT study of ethyl xanthate interaction with sphalerite（110）surface in the absence and presence of copper［J］. Applied Surface Science，2014，311：258-263.

［22］ Li Jianmin，Song Kaiwei，Liu Dianwen，Zhang Xiaolin，Lan Zhuoyue，Sun Yunli，Wen Shuming. Hydrolyzation and adsorption behaviors of SPH and SCT used as combined depressants in the selective flotation of galena from sphal-

135

erite [J]. Journal of Molecular Liquids, 2017, 231: 485-490.

[23] Wei Q, Jiao F, Qin W, Dong L, Feng L. Use of PASP and ZnSO₄ mixture as depressant in the flotatiosaration of-chalcopyrite from Cu-activated marmatite [J]. Physicochemical Problems of Mineral Processing. 2019, 55 (5): 1192-1208.

[24] Wang Han, Wen Shuming, Han Guang, Xu Lei, Feng Qicheng. Activation mechanism of lead ions in the flotation of sphalerite depressed with zinc sulfate [J]. Minerals Engineering, 2020, 146: 106132.

[25] Huang W, Gu G, Chen X, Wang Y. Effect of compound phosphate collector on flotation separation of jamesonite from marmatite and insights into adsorption mechanism [J]. Physicochemical Problems of Mineral Processing. 2021, 57 (1): 294-304.

[26] Babedi L, Tadie M, Neethling P, von der Heyden B P. A fundamental assessment of the impacts of cation (Cd, Co, Fe) substitution on the molecular chemistry and surface reactivity of sphalerite [J]. Minerals Engineering, 2021, 160: 106695.

[27] Dong Wenchao, Liu Jian, Hao Jiamei, Zeng Yong. Adsorption of DTC-CTS on sphalerite (110) and Cu-activated sphalerite (110) surfaces: A DFT study [J]. Applied Surface Science, 2021, 551: 149466.

[28] Wei Qian, Jiao Fen, Dong Liuyang, Liu Xueduan, Qin Wenqing. Selective depression of copper-activated sphalerite by polyaspartic acid during chalcopyrite flotation [J]. Transactions of Nonferrous Metals Society of China, 2021, 31 (6): 1784-1795.

[29] Huang W, Gu G, Chen X, Wang Y. Effect of compound phosphate collector on flotation separation of jamesonite from marmatite and insights into adsorption mechanism [J]. Physicochemical Problems of Mineral Processing, 2021, 57 (1): 294-304.

[30] Zhang Shengdong, Deng Zhengbin, Xie Xian, Tong Xiong. Study on the depression mechanism of calcium on the flotation of high-iron sphalerite under a high-alkalinity environment [J]. Minerals Engineering, 2021, 160: 106700.

[31] 易飞鸿, 奚长生. 稀散元素回收与应用 [J]. 益阳师专学报, 2001 (6): 34-37.

[32] 周令治, 邹家炎. 当代高新技术的支撑材料——稀散金属 [J]. 有色金属科技进步与展望——纪念《有色金属》创刊 50 周年专辑, 1999 (12): 303-310.

[33] 邹家炎. 铟的提取应用和新产品开发 [J]. 广东有色金属学报, 2002 (12): 16-20.

[34]   Alfantazi A M, Moskalyk R R. Processing of indium: a review [J]. Minerals Engineering, 2003, 16 (8): 687-694.

[35] 段学臣, 杨学萍. 新材料 ITO 薄膜的应用和发展 [J]. 稀有金属与硬质合金, 1999 (3): 58-60.

[36] 李世涛, 乔学亮, 陈建国, 等. 氧流量对铟锡氧化物薄膜光电性能的影响 [J]. 稀有金属材料与工程, 2006, 35 (1): 138-141.

[37] 陈伯良. 红外焦平面成像器件发展现状 [J]. 红外与激光工程, 2005, 34 (1): 1-7.

[38] 李丽波, 裴凤巍, 王玕, 等. 铜铟 (镓) 硒薄膜太阳电池吸收层制备研究 [J]. 电源技术, 2014, 38 (3): 572-575.

[39] Sami Virolainen, Don Ibana, Erkki Paatero, et al. Recovery of indium from indium tin oxide by solvent extraction [J]. Hydrometallurgy, 2011, 107 (1/2): 56-61.

[40] Li Yuhu, Liu Zhihong, Li Qihou, et al. Recovery of indium from used indium-tin oxide (ITO) targets [J]. Hydrometallurgy, 2011, 105 (3/4): 207-212.

[41] 高玉竹, 洪伟, 龚秀英, 等. 非制冷型中长波铟砷锑探测器 [J]. 电子与封装, 2014 (2): 45-48.

[42] Ting ChuChi, Cheng WeiLun, Lin GuangChun, et al. Structural and opto-electrical properties of the tin-doped indium oxide thin films fabricated by the wet chemical method with different indium starting materials [J]. Thin Solid Films, 2011, 519 (13): 4286-4292.

[43] Iiszlo Koeroesi, Szilvia Papp, Imre Dekany, et al. Preparation of transparent conductive indium tin oxide thin films fromnanocrystalline indium tin hydroxide by dip-coating method [J]. Thin Solid Films, 2011, 519 (10): 3113-3118.

［44］ 何小虎，韦莉．铟锡氧化物及其应用［J］．稀有金属与硬质合金，2003，31（4）：51-57.

［45］ Pela R R，Teles L K，Marques M，et al. Theoretical study of the indium incorporation into III-V compounds revisited：The role of indium segregation and desorption［J］. Journal of Applied Physics，2013，113（3）：033515-1～033515-8.

［46］ Venting Kuo，Clint D Frye，Myles Ikenberry，et al. Titanium-indium oxy（nitride）with and without RuO2 loading as photocatalysts for hydrogen production under visible light from water［J］. Catalysis Today，2013，199（1）：15-21.

［47］ Sreekumar R，Sajeesh T H，Abe T，et al. Influence of indium concentration and growth temperature on the structural and optoelectronic properties of indium selenide thin films［J］. Physica Status Solidi. B，Basic Research，2013，250（1）：95-102.

［48］ Li Yuhu，Liu Zhihong，Li Qihou，et al. Recovery of indium from used indium-tin oxide（ITO）targets［J］. Hydrometallurgy，2011，105（3/4）：207-212.

［49］ 李晓峰，Watanabe Yasushi，毛景文等．铟矿床研究现状及其展望［J］．矿床地质，2007，26（4）：475-480.

［50］ Schwarz Schampera U，Herzig P M. Indium：Geology，mineralogy，and economics-areviews［J］. Zeitschrift for Angewandt Geologie，1999（45）：164-169.

［51］ Schwarz Schampera U，Herzig P M. Indium：Geology，mineralogy and economics［M］. Berlin：Springer-Verlag，2002：257-261.

［52］ Shunso Ishihara，Hiroyasu Murakami，Maria Florencia，Marquez Zavalia，et al. Inferred Indium Resources of the Bolivian Tin-Polymetallic Deposits［J］. Resource Geology，2011，61（2）：174-191.

［53］ 陈甲斌，张福生．中国铟资源形势与政策转型［J］．矿业研究与开发．2012，32（5）：118-121.

［54］ 周智华，莫红兵，徐国荣，等．稀散金属铟富集与回收技术的研究进展［J］．有色金属，2005，57（1）：71-76.

［55］ 俞小花，谢刚．有色冶金过程中铟的回收［J］．有色冶金（冶炼部分），2006（1）：37-39.

［56］ 李建敏，刘晓红，王贺云，等．铟的市场、应用及其提取技术［J］．江西冶金，2006，26（1）：41-43.

［57］ 戴塔根，杜高峰，张德贤，等．广西大厂锡多金属矿床中铟的富集规律［J］．中国有色金属学报，2012，22（3）：703-714.

［58］ 张世奎，苏航，陶志华，等．都龙锡锌多金属矿床控矿因素及成因的再认识［J］．地球学报，2013，（z1）：115-121.

［59］ 毛景文，程彦博，郭春丽，等．云南个旧锡矿田：矿床模型及若干问题讨论［J］．地质学报，2008，82（11）：1455-1467.

［60］ 伍赠玲．铟的资源、应用与分离回收技术研究进展［J］．铜业工程，2011（1）：25-30.

［61］ Zhang Q. Geochemical Enrichment and Mineralization of Indium［J］. Chinese Journal of Geochemistry，1998（3）：221-225.

［62］ 刘大春，戴永年，杨斌，等．云南省铟资源的合理开发［C］．2005年云南省青海省矿业可持续发展高层论坛论文集．2005：42-44.

［63］ Zhang Qian，Zhu Xiaoqing，He Yuliang，et al. In，Sn，Pb and Zn Contents and Their Relationships in Ore-forming Fluids from Some In-rich and In-poor Deposits in China［J］. Acta Geologica Sinica，2007，81（3）：450-462.

［64］ 杨敏之．分散元素矿床类型、成矿规律及成矿预测［J］．矿物岩石地球化学通报，2000，19（4）：381-383.

［65］ 邹俊义．支持我国铟产业发展的对策研究［J］．有色金属加工，2007，36（6）：1-3，32.

［66］ Sami Virolainen，Don Ibana，Erkki Paatero，et al. Recovery of indium from indium tin oxide by solvent extraction［J］. Hydrometallurgy，2011，107（1/2）：56-61.

［67］ Jung Chul Park. The Recovery of Indium Metal from ITO-scrap using Hydrothermal Reaction in Alkaline Solution［J］. Bulletin of the Korean Chemical Society，2011，32（10）：3796-3798.

［68］ 王树楷．铟的应用与提取进展［J］．中国工程科学，2008，10（5）：85-94.

［69］ Osamu Terakado，Daisuke Iwaki，Kyohei Murayama，et al. Indium Recovery from Indium Tin Oxide，ITO，Thin Film Deposited on Glass Plate by Chlorination Treatment with Ammonium Chloride［J］. Materials transactions，

2011，52（8）：1655-1660.

［70］ 伍祥武. 铟产业话语权与营销模式创新［J］. 高科技与产业化，2010（7）：106-107.

［71］ 杜轶伦，张福良，胡永达，等. 铟矿资源开发形势分析及管理对策建议［J］. 中国矿业，2014（2）：8-12.

［72］ More Yunnan indium smelters pursuing downstream growth［J］. Metal Bulletin，2011，（TN. 9218）：10.

［73］ 无机化学教研组. 无机化学［M］. 北京：高等教育出版社，1999.

［74］ 冯桂林，何蔼平. 有色金属矿产资源的开发及加工技术（提取冶金部分）［M］. 昆明：云南科技出版社，2000.

［75］ Dimitri D，Vaughn Ⅱ，Raymond E Schaak. Synthesis，properties and applications of colloidal germanium and germanium-based nanomaterials［J］. Chemical Society Reviews，2013，42（7）：2861-2879.

［76］ 聂辉文，成步文. 硅基锗材料的外延生长及其应用［J］. 中国集成电路，2010，19（1）：71-78.

［77］ Sangsingkeow Pat，Berry Kev in D，Dumas Edward J. Advances in germanium detector technology［J］. Nuclear Instruments and Methods in Physics Research Section A：Accelerators，Spectrometers，Detectors and Associated Equipmen t，2003，505（1/2）：183-186.

［78］ Das N C，Monroy C，Jhabvala M. Germaniu m junction field effect transistor for cryogenic applications［J］. Solid-State Electronics，2000，44（6）：937-941.

［79］ 杜运平，秦清，徐浩，等. 板栗苞单宁提取物用于锗离子络合剂的研究［J］. 林产化学与工业，2012，32（2）：66-70.

［80］ Meyer D J，Webb D A，Ward M G. Applications and processing of Si Ge and Si Ge：C for high-speed H BT devices［J］. Mater Sci in Semiconductor Processing，2001，4（6）：529-534.

［81］ 马丽，高勇，王冬芳，等. 超结硅锗功率二极管电学特性的研究［J］. 固体电子学研究与进展，2010，30（3）：333-337.

［82］ 刘锋，耿博耘，韩焕鹏，等. 辐射探测器用高纯锗单晶技术研究［J］. 电子工业专用设备，2012，41（5）：27-31.

［83］ 李苗苗，苏小平，冯德伸，等. GaAs/Ge太阳能电池用锗单晶的研究新进展［J］. 金属功能材料，2010，17（6）：78-82.

［84］ 刘伯飞，白立沙，魏长春，等. 非晶硅锗电池性能的调控研究［J］. 物理学报，2013（20）：546-551.

［85］ 郭剑. 基于ZGP晶体中红外脉冲光参量振荡器研究［J］. 光通信技术，2010，34（11）：17-19.

［86］ Dag O，Henderson E J，Ozin G A，et al. Synthesis of nanoamorphous germanium and its transformation to nanocrystalline germanium［J］. Small，2012，8（6）：921-929.

［87］ Shih C H，Chien N D. Sub-10-nm Tunnel Field-Effect Transistor With Graded Si/Ge Heterojunction［J］. IEEE Electron Device Letters，2011，32（11）：1498-1500.

［88］ Slotte J，Tuomisto F. Advances in positron annihilation spectroscopy of Si，Ge and their alloys（Review）［J］. Materials science in semiconductor processing，2012，15（6）：669-674.

［89］ Scapellato G G，Bruno E，Priolo F，et al. Role of point defects on B diffusion in Ge（Review）［J］. Materials Science in Semiconductor Processing，2012，15（6）：656-668.

［90］ 林文军，刘全军. 锗综合回收技术的研究现状［J］. 云南冶金，2005，34（3）：20-23.

［91］ 敖卫华，黄文辉，马延英，等. 中国煤中锗资源特征及利用现状［J］. 资源与产业，2007，9（5）：16-18.

［92］ Xu Xiangchao，Zhao Lin，等. 富锗煤矿的分布规律与世界锗价格趋势［C］. 2012年全国选矿科学技术高峰论坛论文集，2012：33-35.

［93］ Holl R，Kling M，Schroll E，et al. Metallogenesis of germanium-A review［J］. Ore Geology Reviews，2007，30（3/4）：145-180.

［94］ 中国科学院地球化学研究所. 高等地球化学［M］. 北京：科学出版社，1998.

［95］ 胡瑞忠，毕献武，苏文超，叶造军. 对煤中锗矿化若干问题的思考［J］. 矿物学报，1997（4）：361-368.

［96］ 谷团，刘玉平，李朝阳. 分散元素的超常富集与共生［J］. 矿物岩石地球化学通报，2000，19（1）：60-63.

［97］ 钱汉东，陈武，谢家东，黄瑾. 碲矿物综述［J］. 高校地质学报，2000，6（2）：178-187.

［98］ 王兰明. 内蒙古锡林郭勒盟乌兰图嘎锗矿地质特征及勘查工作简介［J］. 内蒙古地质，1999（3）：16-20.

[99] 庄汉平，刘金钟，傅家谟，卢家烂．临沧超大型锗矿床有机质与锗矿化的地球化学特征［J］．地球化学，1997（4）：44-52.

[100] 章明，顾雪祥，付绍洪，等．锗的地球化学性质与锗矿床［J］．矿物岩石地球化学通报，2003，22（1）：82-87.

[101] 胡瑞忠，苏文超，戚华文，等．锗的地球化学、赋存状态和成矿作用［J］．矿物岩石地球化学通报，2000，19（4）：215-217.

[102] 廖文，矿山厂．麒麟厂铅锌矿床成因探讨［R］．2002.

[103] 中国科学院湖南地质研究所及湖南省地质局．湖南上泥盆纪茶陵式及宁乡式铁矿成矿规律及预测略图简介［J］．地质论评，2012，19（7）：324-330.

[104] 刘金钟，许云秋．次火山热变质煤中 Ge、Ga、As、S 的分布特征［J］．煤田地质与勘探，1992，20（5）：27-32.

[105] Ji B B, 华为．滨海地区的锗-煤矿床［J］．国外煤田地质，1995（4）：19-23.

[106] 张国成．我国稀有金属资源概述［C］．首届中国（承德）钒钛产业创新与发展高端会议论文集．2010：13-18.

[107] 王乾，安匀玲，顾雪祥，等．康滇地轴东缘典型铅锌矿床伴生分散元素镉锗镓赋存状态与富集规律研究［J］．地球与环境，2010，38（3）：286-294.

[108] 吴孔文，钟宏，朱维光，等．云南大红山层状铜矿床成矿流体研究［J］．岩石学报，2008，24（9）：2045-2057.

[109] 徐冬，陈毅伟，郭桦，等．煤中锗的资源分布及煤伴锗提取工艺的研究进展［J］．煤化工，2013，41（4）：53-57.

[110] 陈少纯，顾珩，高远，等．稀散金属产业的观察与思考［J］．材料研究与应用，2009，3（4）：216-222.

[111] 韩润生，胡煜昭，王学琨，等．滇东北富锗银铅锌多金属矿集区矿床模型［J］．地质学报，2012，86（2）：280-294.

[112] Hu RuiZhong, Qi HuaWen, Zhou MeiFu, et al. Geological and geochemical constraints on the origin of the giant Lincang coal seam-hosted germanium deposit, Yunnan, SW China：A review［J］. Ore Geology Reviews, 2009, 36（1/3）：221-234.

[113] 王福良，等．铅锌选矿评述［C］．厦门：第九届全国选矿年评学术会议论文集，2001：42-57.

[114] 云南省国土资源厅．云南省矿产资源储量简表［M］．2009.

[115] Moskalyk R R. Review of germanium processing worldwide［J］. Mineral Processing, 2004, 17（3）：393-402.

[116] 徐晓军，周廷熙．有色金属矿产资源的开发及加工技术［M］．昆明：云南科技出版社，2000.

[117] Von Oertzen GU, Jones RT, Gerson AR, et al. Electronic and optical properties of Fe, Zn and Pb sulfides［J］. Journal of Electron Spectroscopy and Related Phenomena, 2005, 144/147（0）：1245-1247.

[118] Chen Jianhua, Chen Ye, Li Yuqiong. Efect of vacancy defects on electronic properties and activation of sphalerite（110）surface by first-principles［J］. Trans. Non ferrous Met. Soc. China, 2010（20）：502-506.

[119] 曾小钦．晶格缺陷对闪锌矿电子结构影响的第一性原理研究［D］．南宁：广西大学，2009.

[120] 陈晔，陈建华，郭进，等．天然杂质对闪锌矿电子结构和半导体性质的影响［J］．物理化学学报，2010，26（10）：2851-2856.

[121] 张芹，胡岳华，徐兢，等．铁闪锌矿无捕收剂浮选研究［J］．有色金属（选矿部分），2005（5）：19-21.

[122] 余润兰，胡岳华，邱冠周，等．循环伏安法研究铁闪锌矿的腐蚀及与捕收剂的相互作用［J］．矿冶工程，2004，24（1）：41-43，46.

[123] 熊道陵，胡岳华，覃文庆，等．用新型有机抑制剂选择性浮选分离铁闪锌矿与毒砂［J］．中南大学学报（自然科学版），2006，37（4）：670-674.

[124] 吴伯增，邱冠周，覃文庆，等．丁黄药体系铁闪锌矿的浮选行为与电化学研究［J］．矿冶工程，2004，24（6）：34-36.

[125] Zhang Ting, Qin Wenqing, Yang Congren, Huang Shuipeng. Floc flotation of marmatite fines in aqueous suspensions induced by butylxanthate and ammonium dibutyl dithiophosphate［J］. Transactions of Nonferrous Metals Society of China, 2014, 24（5）：1578-1586.

[126] 余润兰，邱冠周，胡岳华，等．乙黄药在铁闪锌矿表面的吸附机理［J］．金属矿山，2004（12）：29-31.

[127] 张芹, 徐兢, 王昌安, 等. 铅锑锌铁硫化矿——乙黄药电化学浮选行为的研究 [J]. 矿产综合利用, 2006 (2): 8-11.

[128] 张芹, 徐兢, 王昌安, 等. 铅锑锌铁硫化矿——丁胺黑药诱导浮选行为的研究 [J]. 矿业快报, 2005, 21 (10): 10-12.

[129] 余润兰, 邱冠周, 胡岳华, 等. 乙硫氮在铁闪锌矿表面吸附的电化学行为及机理 [J]. 中国有色金属学报, 2005, 15 (9): 1452-1457.

[130] 刘书杰, 何发钰. 干式磨矿对闪锌矿、黄铁矿矿浆化学性质的影响 [J]. 有色金属 (选矿部分), 2008 (6): 43-48.

[131] 刘爽, 孙春宝, 陈秀枝. 钙、镁、硫酸根离子对会泽铅锌矿硫化矿浮游性的影响 [J]. 有色金属 (选矿部分), 2007 (2): 26-29.

[132] 李俊旺, 孙传尧. 会泽铅锌硫化矿浮游性评价新方法 [J]. 中国矿业, 2012, 21 (4): 79-81.

[133] 刘玉平, 李正祥, 李惠民, 等. 都龙锡锌矿床锡石和锆石 U-Pb 年代学: 滇东南白垩纪大规模花岗岩成岩-成矿事件 [J]. 岩石学报, 2007, 23 (5): 967-976.

[134] 张世奎, 苏航, 陶志华, 等. 都龙锡锌多金属矿床控矿因素及成因的再认识 [J]. 地球学报, 2013, (z1): 115-121.

[135] Tong Xiong, Song Shaoxian, He Jian, Alejandro Lopez Valdivieso. Flotation of indium-beard marmatite from multi-metallic ore [J]. Rare Metals, 2008, 27 (2): 107-111.

[136] 童雄, 何剑, 饶峰, 等. 云南都龙高铁锌矿的活化试验研究 [J]. 矿冶工程, 2006, 26 (4): 19-22.

[137] 童雄, 刘四清, 周庆华, 等. 含铟高铁闪锌矿的活化 [J]. 有色金属, 2007, 59 (1): 91-93.

[138] Yangbao X, Wenqing Q, Hui L. Mineralogical characterization of tin-polymetallic ore occurred in Mengzi, Yunnan Province, China [J]. Transactions of Nonferrous Metals Society of China, 2012 (22): 725-729.

[139] 陈姣姣, 黎应书, 陈楠, 等. 云南省蒙自县白牛厂银多金属矿床成矿条件分析 [J]. 贵州大学学报 (自然科学版), 2013, 30 (4): 40-42.

[140] 陈玉平, 曾科, 何名飞, 等. 使用 MA 捕收剂提高白牛厂铅锌矿浮选指标的研究 [J]. 矿冶工程, 2009, 29 (5): 43-45.

[141] 陈毓川, 黄民智, 徐珏, 等, 大厂锡矿地质 [M]. 北京: 地质出版社, 1993.

[142] 章振根, 李锡林. 广西大厂矿田成矿作用和物质成分研究 [J]. 地球化学, 1981, 10 (1): 74-86.

[143] 董明传, 陈建民, 兰桂密, 等. 车河选矿厂硫化矿分离的新工艺研究与应用 [J]. 有色金属 (选矿部分), 2005 (3): 13-16.

[144] 坚润堂, 李峰, 徐国端. 锡铁山 SEDEX 型铅锌矿床成矿物质来源综述 [J]. 矿产与地质, 2007, 21 (06): 642-647.

[145] 王玉斌. 锡铁山铅锌矿采矿方法研究与改进 [J]. 矿业快报, 2006 (444): 168-172.

[146] 王庚成, 魏德洲. 锡铁山含银铅锌硫化物矿石浮选分离研究 [J]. 金属矿山, 2005 (11): 27-30.

[147] 谢铿, 温建康, 华一新, 等. 锡铁山锌精矿稀散金属综合利用前景分析 [J]. 金属矿山, 2008 (1): 128-130.

[148] 杜浩荣, 杨波, 朱运凡, 等. 提高会泽铅锌矿选矿回收率方法探讨 [J]. 金属矿山, 2013 (1): 101-103.

[149] 肖仪武. 会泽铅锌矿深部矿体稀贵金属的赋存状态 [J]. 矿冶, 2003, 12 (2): 30-32, 17.

[150] 李俊旺, 孙传尧, 袁闯, 等. 会泽铅锌硫化矿异步浮选新技术研究 [J]. 金属矿山, 2011 (11): 83-91.

[151] 北京矿冶研究总院. 云南会泽深部铅锌资源复杂难处理富锗铅锌硫化氧化矿混合矿的选矿新技术研究 [R]. 北京: 北京矿冶研究总院, 2003.

[152] 戴晶平, 胡岳华, 刘侦德, 等. 依靠科技进步促进矿山持续发展——九十年代凡口铅锌矿技术进步综述 [J]. 矿冶, 2002, 11 (z1): 89-92.

[153] 张术根, 丁存根, 李明高, 等. 凡口铅锌矿区闪锌矿的成因矿物学特征研究 [J]. 岩石矿物学杂志, 2009, 28 (4): 364-374.

[154] 伍敬峰, 刘侦德, 邓卫, 等. 凡口铅锌矿选矿过程中锗、镓行为走向探讨 [J]. 矿业研究与开发, 2001, 21 (2): 35-37.

[155] 傅贻谟. 凡口铅锌矿选矿厂生产流程的工艺矿物学评价 [J]. 矿冶, 2002, 11 (4): 32-38.

[156] 郑伦, 张笃. 电位调控浮选在凡口铅锌矿的应用 [J]. 中国矿山工程, 2005, 34 (2): 1-4, 8.

[157] 刘侦德, 谢雪飞, 伍敬峰, 等. 凡口铅锌矿稀散金属选矿回收实践 [J]. 有色金属 (选矿部分), 2002 (2): 9-12, 27.

[158] 阳海燕, 胡岳华. 稀散金属镓锗在选冶回收过程中的富集行为分析 [J]. 湖南有色金属, 2003, 19 (6): 16-18.

[159] 王静纯, 余大良, 等. 都龙矿物矿床伴生组分查定与综合利用报告 [C]. 北京: 北京矿产地质研究院, 2003: 104-105.

[160] 蒲家扬, 刘明. 闪锌矿的物理化学特性及其浮选行为的研究 [J]. 国外金属矿选矿, 1985 (5): 33-42.

[161] 刘铁庚, 叶霖, 周家喜, 等. 闪锌矿的 Fe、Ge 关系随其颜色变化而变化 [J], 中国地质, 2010 (10): 1458-1468.

[162] 陈建华, 曾小钦, 陈晔, 等. 含空位和杂质缺陷的闪锌矿电子结构的第一性原理计算 [J]. 中国有色金属学报, 2010, 20 (4): 765-771.

[163] Subrahmanyam T V, Prestidge C A, Ralsto J. Contact angle and surface analysis studies of sphalerite particles [J]. Minerals Engineering, 1996, 9 (7): 727-741.

[164] 王淀佐, 邱冠周, 胡岳华. 资源加工学 [M]. 北京: 科学出版社, 2005.

[165] 马鸿文. 工业矿物与岩石 [M]. 北京: 化学工业出版社, 2005.

[166] Segall M D, Lindan P J D, Probert M J, Pickard C J, Hasnip P J, Clark S J, Payne M C. First-principles simulation: Ideas illustrations and the CASTEP code [J]. J Phys: Cond Matter, 2002 (14): 2717-2743.

[167] Perdew J P, Burke K, Ernezerhof M. Generalized gradient approximation made simple [J]. Pbys Rev Lett, 1996 (77): 3865-3868.

[168] Vanderbilt D. Soft self-consistent pseudopotentials in generalized eigenvalue formalism [J]. Phys Rev B, 1990 (41): 7892-7895.

[169] 刘健. 闪锌矿表面原子构型及铜吸附活化浮选理论研究 [D]. 昆明: 昆明理工大学, 2013.

[170] Mulliken R S. Electronic population analysis on LCAO-MO molecular wave functions. IV. bonding and antibonding in LCAO and valence-bond theories [J]. J Chem Phys, 1955, 23 (12): 2343-2346.

[171] Segall M D, Shall R, Pickard C J, et al. Population analysis of plane-wave electronic structure calculatons of bulk materials [J]. Phys Rev B, 1996, 54 (23): 16317-16320.

[172] Segall M D, Pickard C J, Shah, et al. Population analysis in plane wave electronic structure calculations [J]. Mol Phys, 1996, 89 (2): 571-577.

[173] 蓝丽红, 陈建华, 李玉琼, 等. 空位缺陷对氧分子在方铅矿 (100) 表面吸附的影响 [J]. 中国有色金属学报, 2012 (9): 2626-2635.

[174] Lima G F de, Oliveira C de, Abreu H A de, Duarte H A. Water Adsorption on the Reconstructed (001) Chalcopyrite Surfaces [J]. J. Phys. Chem. C, 2011, 115 (21): 10709-10717.

[175] Zhao Cuihua, Chen Jianhua, Long Xianhao, Guo Jin. Study of H_2O adsorption on sulfides surfaces and thermokinetic analysis [J]. Journal of Industrial and Engineering Chemistry, 2014 (20): 605-609.

[176] Sutherland K L, Wark I W. Principles of flotation [M]. Australian institute of mining and metallurgy (Inc.), Melbourne, Australia, 1955.

[177] Biswas AK, Davenport WG. Extractive metallurgy of copper [M]. 3rd ed. Oxford: Pergamon, 1994.

[178] Wills BA. Mineral processing technology: an introduction to the practical aspects of ore treatment and mineral recovery. 6th ed [M]. Boston: Butterworth-Heinemann, 1997.

[179] 刘殿文, 方建军, 尚旭, 等. 微细粒氧化铜矿物难选原因探讨 [J]. 中国矿业, 2009, 18 (3): 80-82.

[180] Popov S R, Vučinić D R. The ethylxanthate adsorption on copper-activated sphalerite under flotation-related conditions in alkaline media [J]. International Journal of Mineral Processing, 1990, 30 (1): 229-244.

[181] Leppinen J O. FTIR and flotation investigation of the adsorption of ethyl xanthate on activated and non-activated sulfide minerals [J]. International Journal of Mineral Processing, 1990 (30): 245-263.

［182］ 罗思岗．应用分子力学法研究铜离子活化闪锌矿作用机理［J］．现代矿业，2012（3）：7-9.

［183］ Chandra A P，Gerson A R. A review of the fundamental studies of the copper activation mechanisms for selective flotation of the sulfide minerals，sphalerite and pyrite［J］．Advances in Colloid and Interface Science，2009，145 (1)：97-110.

［184］ Fornasiero D，Ralston J. Effect of surface oxide/hydroxide products on the collectorless flotation of copper-activated sphalerite［J］．International Journal of Mineral Processing，2006，78 (4)：231-237.

［185］ Ashiwani Kumar Gupta，Banerjee P K，Arun Mishra，Satish P，Pradip. Effect of alcohol and polyglycol ether frothers on foam stability，bubble size and coal flotation［J］．International Journal of Mineral Processing，2007 (82)：126-137.

［186］ Wiese J G，Harris P J，Bradshaw D J. The effect of increased frother dosage on froth stability at high depressant dosages［J］．Minerals Engineering，2010（23）：1010-1017.

［187］ Cho Y S，Laskowski J S. Effect of flotation frothers on bubble size and foam stability［J］．International Journal of Mineral Processing，2002（64）：69-80.

［188］ Uddin S，Li Y，Mirnezami M，Finch J A. Effect of particles on the electrical charge of gas bubbles in flotation ［J］．Minerals Engineering，2012（36-38）：160-167.

［189］ Mahedy A M El. The Zeta potential of bubble in the presence of frother［J］．Metallic Ore Dressing Abroad，2009：41-44.

［190］ Jenny Wiese，Peter Harris. The effect of frother type and dosage on flotation performance in the presence of high depressant concentrations［J］．Minerals Engineering，2012（36-38）：204-210.

［191］ Barbian N，Hadler K，Ventura Medina E，Cilliers J J. The froth stability column：linking froth stability and flotation performance［J］．Minerals Engineering，2005（18）：317-324.

［192］ Hadler K，Aktas Z，Cilliers J J. The effects of frother and collector distribution on flotation performance［J］．Minerals Engineering，2005（18）：171-177.

［193］ Shall H El，Abdel Khalek N A，Svoronos S. Collector-frother interaction in column flotation of Florida phosphate ［J］．International Journal of Mineral Processing，2000（58）：187-199.

［194］ Melo F，Laskowski J S. Fundamental properties of flotation frothers and their effect on flotation［J］．Minerals Engineering，2006（19）：766-773.

［195］ Leja J，Schulman J H. Flotation Theory：Molecular Interaction Between Frothers and Collectors at Solid-Liquid-Air Interface［J］．Transfer，AIME，Minerals Engineering，1954（16）：221-228.

［196］ Sun Shuiyu，Wang Dianzuo，Li bodan. Effcts of frother on the collectorlessflotation of sulphideores［J］．J. CENT.-SOUTHINST. MIN. METALL，1992（23）：670-675.

［197］ Chandra A P，Gerson A R. A review of the fundamental studies of the copper activation mechanisms for selective flotation of the sulfide minerals，sphalerite and pyrite［J］．Advances in Colloid and Interface Science，2009，145 (1)：97-110.

［198］ Fornasiero D，Ralston J. Effect of surface oxide/hydroxide products on the collectorless flotation of copper-activated sphalerite［J］．International Journal of Mineral Processing，2006，78 (4)：231-237.

［199］ 孙伟，张英，覃武林，胡岳华．被石灰抑制的黄铁矿的活化浮选机理［J］．中南大学学报（自然科学版）．2010 (3)：813-818.

［200］ Hayes PC. Process principles in minerals and materials production［M］．2nd ed. Sherwood，Qld.：Hayes Publishing，1993.

［201］ Leppinen JO. FTIR and flotation investigation of the adsorption of ethyl xanthate on activated and non-activated sulfide minerals［J］．International Journal of Mineral Processing，1990（30）：245-263.

［202］ Finkelstein NP. The activation of sulphide minerals for flotation：a review［J］．International Journal of Mineral Processing，1997（52）：81-120.

［203］ Evangelou VP. Pyrite oxidation and its control［M］．New York：CRC Press，1995.

[204] Woodcock JT, Sparrow GJ, Bruckard WJ, Johnson NW, Dunne R. In: Fuerstenau MC, Jameson G, Yoon RH, editors. Froth flotation: a century of innovations. Colorado: Society for Mining, Metallurgy, and Exploration [M], Inc. , 2007.

[205] Chandra A P, Gerso A R. A review of the fundamental studies of the copper activation mechanisms for selective flotation of the sulfide minerals, sphalerite and pyrite [J] . Advances in Colloid and Interface Science, 2009 (145): 97-110.

[206] Fornasiero D, Ralston J. Effect of surface oxide/hydroxide products on the collectorless flotation of copper-activated sphalerite [J] . International Journal of Mineral Processing, 2006 (78): 231-237.

[207] Natarajan R, Nirdosh I. New collectors for sphalerite flotation [J] . International Journal of Mineral Processing, 2006 (79): 141-148.

[208] Finch JA, Rao SR, Nesset JE. Iron control in mineral processing [C] . 39th annual meeting of the Canadian mineral processors 23-25 January. Ottawa: Canadian Institute of Mining, Metallurgy and Petroleum, 2007.

[209] Grano S R, Sollaart M, Skinner W, Prestidge C A, Ralston J. Surface modifications in the chalcopyrite-sulphite ion system. I. collectorless flotation, XPS and dissolution study [J] . International Journal of Mineral Processing, 1997 (50): 1-26.

[210] Solecki J, Komosa A, Szczypa J. Copper ion activation of synthetic sphalerites with various iron contents [J] . International Journal of Mineral Processing, 1979 (6): 221-228.

[211] Buckley AN, Woods R, Wouterlood HJ. An XPS investigation of the surface of ordinary sphalerites under flotation-related conditions [J] . International Journal of Mineral Processing, 1989 (26): 29-49.

[212] Boulton A, Fornasiero D, Ralston J. Effect of iron content in sphalerite on flotation [J] . Miner Eng, 2005 (18): 1120-1122.

[213] Gigowski B, Vogg A, Wierer K, Dobias B. Effect of Fe-lattice ions on adsorption, electrokinetic, calorimetric and flotation properties of sphalerite [J] . International Journal of Mineral Processing, 1991 (33): 103-120.

[214] Harmer SL, Mierczynska Vasilev A, Beattie DA, Shapter JG. The effect of bulk iron concentration and heterogeneities on the copper activation of sphalerite [J] . Minerals Engineering, 2008 (21): 1005-1012.

[215] Wang Jingyi, Xie Lei, Liu Qingxia, Zeng Hongbo. Effects of salinity on xanthate adsorption on sphalerite and bubble - sphalerite interactions [J] . Minerals Engineering, 2015, 77 (6): 34-41.

[216] Dávila Pulido G I, Uribe Salas A. Effect of calcium, sulphate and gypsum on copper-activated and non-activated sphalerite surface properties [J] . Minerals Engineering, 2014, 55 (2): 147-153.

[217] Pérez Garibay R, Ramírez Aguilera N, Bouchard J, Rubio J. Froth flotation of sphalerite: Collector concentration, gas dispersion and particle size effects [J] . Minerals Engineering, 2014, 57 (3): 72-78.

[218] Liu Jian, Wen Shuming, Deng Jiushuai, Chen Xiumin, Feng Qicheng. DFT study of ethyl xanthate interaction with sphalerite (110) surface in the absence and presence of copper [J] . Applied Surface Science, 2014, 30 (8): 258-263.

[219] Pérez Garibay R, Ramírez Aguilera N, Bouchard J, Rubio J. Froth flotation of sphalerite: Collector concentration, gas dispersion and particle size effects [J] . Minerals Engineering, 2014, 57 (3): 72-75.

[220] Song S, Alejandro Lopez-Valdivieso, Ding Y Q. Effects of nonpolar oil on hydrophobic flocculation of hematite and rhodochrosite fines [J] . Powder Technology, 1999, 101 (1): 73-77.

[221] Laskowski J S, Ralston J. Ralston Edseiver. Colloid Chemistry in Mineral Processing [M] . Elsevier Science Ltd, 1991.

[222] Mazzone D N, Tardos G I, Pfeffer R. The behavior of liquid bridges between two relatively moving particles [J]. Powder Technology, 1987, 51 (1): 71-83.

[223] Ikumapayi F K. Flotation Chemistry of Complex Sulphide Ores: Recycling of Process Water and Flotation Selectivity [D] . Sweden: Lulea University of Technology, 2010: 12.

[224] Chandra A P, Gerson A R. A review of the fundamental studies of the copper activation mechanisms for selective

flotation of the sulfide minerals，sphalerite and pyrite［J］. Advances in Colloid and Interface Science，2009，145（1-2）：97-110.

［225］ 胡为柏. 浮选［M］，北京：冶金工业出版社，1982.

［226］ Shen W, Fornasiero D, Ralaston J. Flotation of sphalerite and pyrite in the presence of sodium sulfite［J］. International Journal of Mineral Processing，2001，63（1）：17-28.

［227］ Mirnezami M, Restrepo L, Finch J A. Aggregation of sphalerite：role of zinc ions［J］. Journal of Colloid and Interface Science，2003，259（1）：36-42.

［228］ Xian Yongjun, Wen Shuming, Bai Shaojun, et al. Metal ions released from fluid inclusions of quartz associated with sulfides［J］. Minerals Engineering，2013（50-51）：1-3.

［229］ 邓传宏. 铅锌浮选新技术在白牛厂银多金属矿的应用［J］. 有色金属设计，2006（2）：13-22.

［230］ 陈玉平，曾科，何名飞，覃文庆. 使用 MA 捕收剂提高白牛厂铅锌矿浮选指标的研究［J］. 矿冶工程，2009（5）：43-45.